형태구성의 요소와 실례

On Making Form

Thoughts and exercises for beginning designers

계 소 라

형태를 만드는 일의 시작

이 책은 일반적으로 선에서 시작해 물리적 · 입체적인 면으로 형태를 발전시키는 기본 조형과정에서 생각해 볼 부분과 일련의 결과물을 모은 기록이다.

현재의 디자인 혹은 건축 교육에서 기초단계의 조형 스튜디오에 대한 자료를 찾기는 상당히 어렵다. 저학년 스튜디오의 결과물이 공식적으로 출간된 예는 거의 없다. 문제는 디자인을 배우는 첫 단계에서 만들어낸 결과물을 다소 부끄러워하며 감춘다는 사실에 있는 것이 아닐까 생각한다. 대부분의 경우 백지상태에서 시작한 첫 디자인의 결과물은 미적으로 별 것 아닌 것처럼 보이기 마련이지만, 누구나 한 번은 거쳐야 하는 첫 단계에서 만들어진 결과물은 교육이라는 관점에서 의미 있는 다음 단계에의 초석이 된다. 어디서 영감을 얻을 것인지, 어떻게 초기 아이디어를 모형이나 도면 같은 시각화된 형태로 구축할 것인지, 그리고 어떤 과정을 통해 그 아이디어들을 발전시켜 대안을 작성할 것인지, 실제 스튜디오에서 만들어지고 사라지는 형태가 어떤 것들인지 주의깊게 살펴 볼 시간이 없는 것이 현실이다.

또한 이 모든 과정을 이해하는 데 도움이 되는 각종 역사적, 철학적 개념을 단편적이나마 직접 언급한 자료들이 없다는 것이 이 책을 쓰기 시작한 이유이다. 좀 더 쉬운 이해를 돕기 위해 조형 스튜디오 강의에서 만들어진 실제 학생작품을 사용했고, 교과과정에서 참고할 수 있는 예시를 제공하고자 했다. 즉 이 책이 제시하는 것은 가치판단에 선행하는 일종의 실례라고 볼 수 있다.

이 과정을 기록하고 정리하는 이유는 간단하다. 조형 교육은 모든 디자인 교육에서 가장 덜 알려진 부분이지만 창의성을 키우기 위해 필수적인 단계이므로 가장 중요하게 여겨야 한다. 이를 시작으로 기초 디자인 교육에 대한 깊이 있는 논의가 이루어졌으면 하는 바람이다.

저 자

CONTENTS

PART 2 EXERCISES 051

PART 1
THOUGHTS

일상의 형태

ORDINARY THINGS HAVE SURPRISINGLY INTERESTING FORMS

형태는 어디에나 있다 Form is everywhere

일상에서 흔히 볼 수 있는 물체에서 의외로 잘 만들어진 형태를 볼 때가 있다. 길을 걷다보면 철망으로 만들어진 담장 같은 임시구조물을 쉽게 찾을 수 있다. 물론 대부분의 사람은 철사를 이용해 망을 만드는 과정 자체에 대해서는 별로 생각하지 않는다. 그러나 조금만 깊이 생각해보면 철망은 굉장히 잘 만들어진 형태이다. 망을 이루는 철사는 필요한 만큼의 강도를 유지할 정도로 튼튼한 재료이다. 일정한 간격을 두고 구부러져 꼬이고 짜인 조직은 더 강해진다. 철사를 면으로 짜기 위해 구부린 간격은 면의 이쪽에서 저쪽을 볼 수 있을 정도로 넓고, 어른의 손이 통과하지 못할 만큼 촘촘하다. 이렇게 구부러지고 짜여져 공간적으로 무시할 만한 부피를 가진 재료인 철사가 동네 공터에서는 공간의 영역을 한정짓는 벽면으로 바뀐다. 또한 이 면은 무한히 확장할 수 있다.

철망이 만들어내는 면은 천으로 몸을 감싸는 옷을 만들 듯 특정 형태를 둘러싸도록 변형시킬 수 있다. 이동을 위해 둘둘 말고, 부피를 줄이기 위해 접고, 폭을 넓히기 위해 늘일 수 있고, 조각조각 잘라낼 수도 있고, 종이를 구기듯 임의적인 형태로 구길 수도 있다. 이렇듯 원한다면 열거한 것 외의 다른 형태로 만들 수도 있을 것이다. 여기서 우리가 알아야 할 것은 이런 다양한 형태를 만드는 데 사용되는 요소들을 어떻게 다루느냐 하는 것이다. 형태를 구성한다는 것은 기본이 되는 요소를 찾아내고, 만들고자 하는 형태가 무엇인지 결정하여 재료의 특성에 맞추어 원하는 모양으로 만들어가는 일련의 과정이다. 물론 그 형태를 다양한 맥락에서 어떻게 사용할지 제시하는 것도 포함해서 말이다. 눈으로 보는 행위의 본질과 예술적 영감에 대해 화가이자 시인인 윌리엄 블레이크 **William Blake**는 이렇게 말한다. “예술을 창조하는 최고의 장소는 자연에 있다. 최고의 문제는 우리가 현실을 인지하는 방법에 있다. 창조적 과정은 눈이라는 기관에 종속하는 것이 아니라 우리의 시각 너머에 있다.”

그림 1 여러 형태로 짜인 철망

그림 2

자연이 만들어낸 다양한 형태. 마른 땅이 갈라지며 만드는 형태, 나뭇등걸이 마르면서 갈라지는 형태, 바람이 모래 위에 만든 패턴, 강물이 흘러 깎아낸 돌의 형태, 물이 얼면서 이루는 결정, 바람이 모래 위에 만든 패턴 (왼쪽에서 오른쪽, 위에서 아래).

관찰, 발견할 수 있는 형태 Observation

우리 주변에는 자연적으로 발생한 수많은 형태가 산재해 있다. 바람이 불지 않는 고요한 날에 보는 수평선은 일직선이지만 파도가 몰아칠 때 바다는 예측하기 어려운 다양한 형태로 끊임없이 바뀐다. 오랫동안 비가 오지 않아 바짝 마른 땅은 균일하지 않은 일종의 패턴을 만들며 갈라진다. 마른 나뭇등걸 역시 나름의 패턴으로 정확히는 방사형의 나이테 중심에서 시작하는 직선형태로 갈라진다. 의도하지 않은 자연적으로 발생한 멋진 형태는 많은 이에게 일종의 행운이겠지만 행운을 가지는 것 역시 일종의 노력을 요한다. 이러한 형태들을 알아보고 활용하기 위해 주변의 물체들을 세심하게 관찰하는 것은 사뭇 놓치기 쉬운 필수 과정이다.

그림 3

Steininger의 Kitchen Unit Design. 도널드 주드 Donald Judd의 조각과 흡사하다(위). 모듈화된 유닛(아래).

우리 주변에 자연발생적 형태만 있는 것은 아니다. 일상에서 보는 흔한 물체가 가진 형태는 대부분 누군가에 의해 의도적으로 디자인되고 만들어졌다. 이런 형태가 어떻게 만들어지는지에 대해 특별히 관심을 기울이지 않는다면 잘 디자인된 흥미로운 형태들은 아무도 모른 채 쉽게 소비되고 잊혀지게 마련이다.

잘 살펴보면 누구나 흥미 있어 하는 형태와 방법들은 주위에 산재해 있다. 예를 들면 접기 **folding**는 형태 구성에 있어서 흥미로운 방법이다. 왜냐하면 폴딩이란 납작한 면을 이용해 접는 한 가지 방법을 통해 입체적인 형태를 만들어내는 과정을 여과 없이 보여주는 작업이기 때문이다. 필립 마이클 울프슨 **Philip Michael Wolfson**의 프로토타입 디자인은 앉을 수 있는 면을 접어서 만든 의자의 형태이다. 짜임 **weaving** 역시 흥미 있는 주제이다. 조직을 짜는 것은 부피가 없는 선적 요소를 이용하여 너비가 있는 면을 만들고, 이를 다시 입체적인 형태로 만드는 방법이기 때문이다. 가죽가공으로 유명한 보테가 베네타 **Bottega Veneta**의 제품들은 가늘고 긴 가죽끈을 짜거나 꼬아 엮어 만드는 특유의 기법 **Intrecciato**(인트레치아토: 이탈리아어로 '엮다, 짜다')으로 유명하다. 이런 특유의 짜임법은 흔한 형태의 재료라도 방법에 따라 다양한 형태의 입체적인 표면 패턴을 만들어낼 수 있음을 보여준다.

디자이너가 갖춰야 하는 여러 가지 자질 중 가장 중요한 것은 멋진 형태를 끊임없이 만들 수 있는 능력이다. 이러한 능력을 갖추기 위한 전제조건은 형태를 알아보는 심미안을 가지는 것이다. 관찰은 우리 주변에 산재해 있는 수많은 형태를 의식적으로 찾는 행위이다. 흥미 있는 형태를 찾기 위해서는 의식적이고 깊은 관찰이 필요하며, 이 역시 교육과 훈련을 통해 발달시킬 수 있는 능력이다. 발견할 수 있는 형태를 각자의 방법으로 재생산하는 것을 디자인이라고 본다면 좋은 디자이너는 훌륭한 관찰자가 되어야 한다.

그림 4

접어서 만든 형태의 의자, 필립 마이클 울프슨 Origami Chair(위쪽). 짜임법에 따라 가죽표면이 입체적으로 바뀐다. 보테가 베네타(아래쪽).

형태는 시점에 따라 달라진다 Same form, different point of view

같은 물체에서도 여러 가지 형태를 추출해낼 수 있다. 어떠한 시점에서 물체를 관찰하느냐에 따라 우리가 시각적으로 인지하는 사물의 형태는 달라진다. 예를 들면 양파는 전 세계에서 가장 많이 재배되는 작물 중 하나이다. 양파라고 이야기할 때 우리는 대부분 양파 하나의 형태를 떠올린다. 동그랗거나 아래위로 조금 납작한 타원형이며, 아래위로 뿌리와 줄기가 있던 흔적이 남아 있는 그런 형태 말이다. 하지만 반으로 자르면 우리가 보는 양파의 형태는 전혀 다르다. 일종의 곡선으로 이루어진 원형이라는 점은 동일하지만 양파의 단면은 점진적으로 커지는 혹은 작아지는 다양한 크기의 동심원들

그림 5
같은 물체를 다른 시점에서 관찰하면 다양한 형태를 찾을 수 있다. 물체를 자르거나 그룹화하는 등의 다양한 접근법이 필요하다.

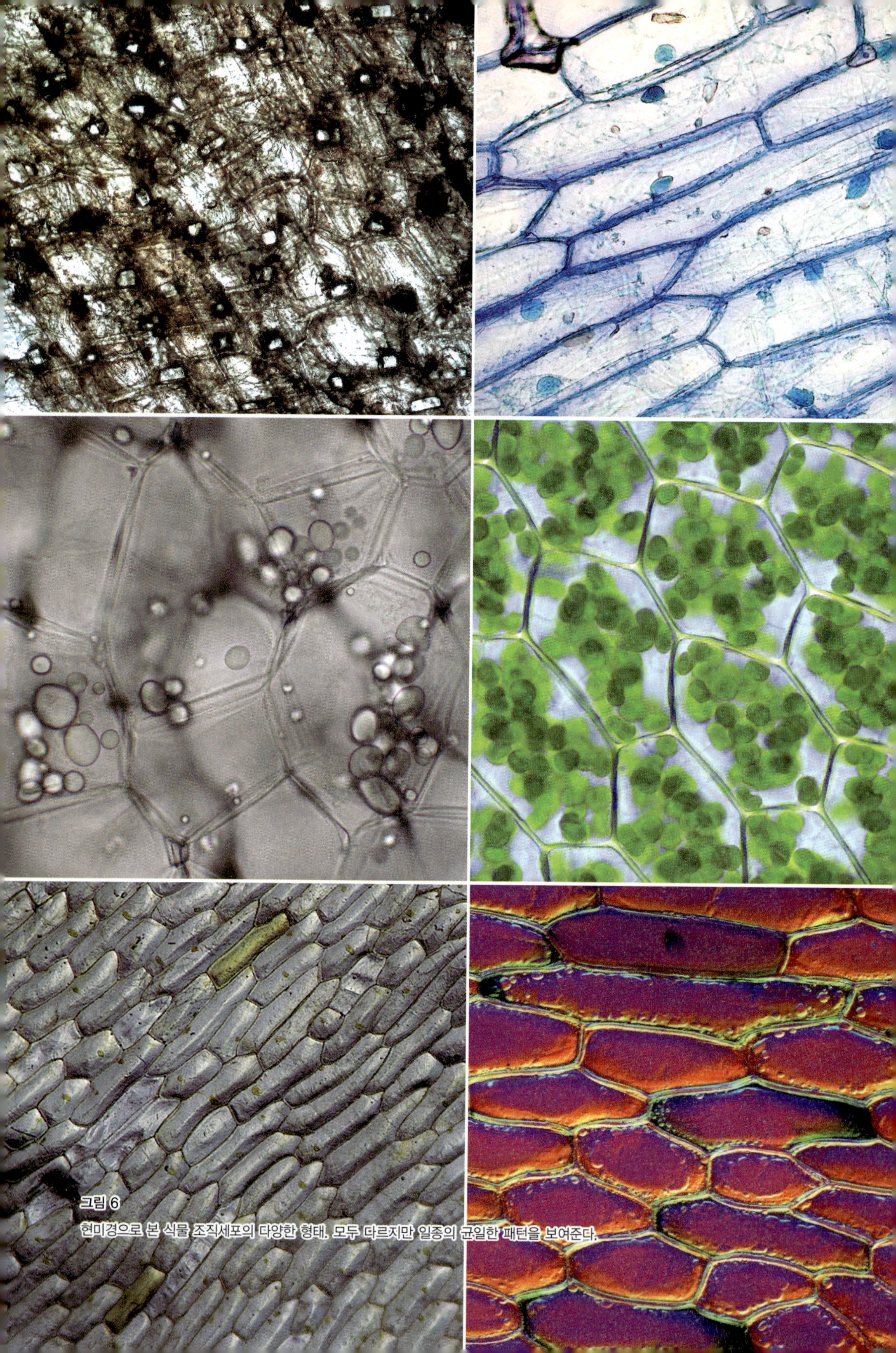

그림 6
현미경으로 본 식물 조직세포의 다양한 형태. 모두 다르지만 일종의 균일한 패턴을 보여준다.

이 이루는 일정한 패턴을 보여준다. 물론 이는 양파를 가로로 잘랐을 때의 형태이다. 세로로 자른 양파를 다시 납작하게 채썰면 우리가 볼 수 있는 단면의 형태는 다시 달라진다. 시점을 좀 멀리 잡아 시장에 양파를 산더미처럼 쌓아놓은 광경을 상상해보자. 쌓여 있는 양파의 이미지는 동일한 형태가 반복적으로 모여 그룹화되면서 또 다른 타입의 시각적 패턴을 만든다는 사실을 보여준다. 이런 방법으로 끊임없이 다양한 각도에서 사물을 바라보는 자세를 유지하는 것은 중요하다. 이는 수많은 숨겨진 형태를 찾아내기 위한 관찰이라는 행위에 요구되는 가장 기본적인 자세이기 때문이다.

형태를 찾아내는 또 다른 방법은 물체를 바라보는 시각 또는 세계를 바라보는 시각을 크거나 작게 늘이고 줄이는 것이다. 각종 식물의 세포를 현미경을 통해 바라보는 경우 우리가 보는 세계의 크기는 세포의 크기로 줄어든다. 또한 우리가 찾을 수 있는 형태는 세포들을 둘러싸는 조직벽이 이루는 형태로 바뀐다. 양파의 조직세포가 보여주는 형태는(그림 6, 오른쪽 위) 우리가 일반적으로 알고 있는 양파와는 전혀 다르다. 즉 물체의 형태는 어떻게 바라보느냐에 따라 일반적인 이미지와는 완전히 다른 모습으로 보일 수 있다는 것을 말한다.

기초 조형에서의 기능에 대해 얘기해보자. 건축이나 산업디자인 같은 실용디자인에서 형태는 언젠가 기능을 가지게 된다. 이 단계에서의 기능이란 화장실을 하나 더 만드는 것 같은 현실적인 기능이 아니라 좀 더 원시적이고 추상적인 역할이다. 앞서의 현미경 사진을 생각해보자. 식물의 껍질을 이루는 조직이 만드는 형태는 다분히 기능적이다. 식물은 조직 내에 섬유소로 이루어진 벽을 가지고 있고, 곰팡이는 아미노산의 일종인 키틴으로 이루어진 벽을 가지고 있다. 조직과 조직 사이를 막고 있는 막은 조직의 내용물을 보호하고, 지지하는 벽 혹은 칸막이로서의 역할을 한다.

곰팡이와 양파의 조직에서 벽이 가지는 기능은 근본적으로 동일하다. 세포를 둘러싸서 일종의 공간을 이루고, 막을 형성해 세포를 보호하는 벽의 역할이다. 여기서 벽은 무언가를 둘러싸 보호하는 원시적 기능을 가진 장치이다. 벽의 기능은 다분히 보편적이다. 세포 단위의 작은 세계에서도, 건축에서도, 어떠한 문화적 맥락에서도 동일하게 받아들여진다. 디자인에서의 관찰이란 지적인 사고를 포괄한다. 다양한 시점에서 바라보는 세계에서 주의 깊게 찾아낸 형태들을 어디에, 어떻게 적용할 수 있을지, 어떤 과정을 통해 무엇으로 변형시킬 수 있을지까지 고려하는 집중적인 생각의 과정이다.

스튜디오 강의 첫날 학생들에게 주위를 둘러볼 것을 요구한다. 형태를 찾아내고 발견한 형태를 만들기 위한 일련의 단계를 개인적으로 곱씹어보는 시간을 갖는 것은 형태구성 과정에서 가장 중요한 부분이기 때문이다. 개별 작품을 만드는 것이 목표인 예술가나 디자이너에게도 관찰은 의미 있는 과정이다. 일반적으로 스튜디오에서는 전통적인 학술 연구의 수순을 따르지는 않는다. 하지만 선례를 찾고, 패턴을 발견하며, 개인의 작품에 반영할 만한 요소를 추출해내는 디자인의 선행과정은 일반적 연구의 과정과 크게 다르지 않다. 정해지지 않은 어떤 형태를 어떻게 구성할 것인지 처음부터 알고 있는 사람은 많지 않다. 무언가를 만드는 일에서 자신이 어떤 것을 만들지 모르는 상태로 시작하는 것은 전문가에게도 자연스러운 일이다. 피카소는 한 인터뷰에서 전적으로 새로운 아이디어를 냈던 경험이 일생에 두 번 있었다고 얘기한 적이 있다. 다르게 해석하면 피카소 같은 거장 역시 일생동안 끊임없는 관찰을 통해 수많은 아이디어를 얻었다는 것이다. 결국 디자이너에게 세계란 다각도로 바라보고, 관찰하고, 발견할 수 있는 풍부한 형태의 보고이다.

우리를 둘러싼 세계는 납작하지도 건조하지도 않고, 그 기원이 어디이든 자연적이거나 인위적으로 만들어진 것이든 간에 형태는 어디에나 있다. 다만, 머릿속으로 상상하는 혹은 어디선가 보았던 기억 속의 형태를 물리적으로 만질 수 있는 재료를 사용해 형상화하기 위해서는 우리가 일반적으로 생각하는 것보다 훨씬 오랜 시간이 걸린다는 사실을 알고 있어야 한다. 그 형상화의 과정에서 기본적으로 어떤 요소가 필요한지 알고, 다양한 방법을 통해 요소들을 다루는 과정을 이해하기 위해서는 반복적이고 꾸준한 훈련이 필요하다. 더불어 자유롭게 다룰 수 있는 자신만의 방법을 찾아내기 위해서는 훈련과 더불어 심도 있는 개인적 사고가 필수이다. 무엇보다도 이 모든 것이 궁극적으로 무엇을 위한 것인지 스스로의 디자인에 목적을 부여하는 것이 아마도 디자인의 모든 과정에서 가장 어려운 일일 것이다.

표현이란

**OUR EXPRESSION
BELONGS TO THE DOMAIN OF REPRESENTATION**

보이는 것이 전부가 아니다 Beyond the visible

"If you would understand anything, observe its beginning and its development."

"무언가를 이해하고 싶다면 살펴보라. 그 과정을 이해하려 노력해라."

아리스토텔레스

체험을 통해 외부세계를 인식하고 발견하는 과정이 관찰이라면, 인지한 형태를 재생산하는 표현의 과정은 조금 더 철학적일 수 있다. 서양 고대 예술론에 따르면 예술이란 현실의 모방 **mimesis**이었다. 고대 그리스 철학자인 아리스토텔레스의 예술관은 어떤 의미에서 예술과 창작활동에 대한 가장 보편적이자 현실적인 시각 중 하나이다. 아리스토텔레스에 의하면 예술이란 카메라로 사진을 찍듯 우리를 둘러싼 세계의 이미지를 순간적으로 담아내는 것이었다. 그는 세계를 관찰하는 과정 자체를 탐구하는 도구로 보라고 권했다. 관점에 대한 여러 가지 해석이 있겠지만 단순하게 두 가지로 정리할 수 있다. 첫 번째는 예술 창작 활동에는 필연적으로 실재의 본질을 나타내기 위한 개인의 본능적인 표현이 더해진다는 것이고, 두 번째는 예술이란 단순 복사가 아니라 현상에 대한 모방과 예술가 나름의 표현이라는 개념이 혼합된 '창조적인 모방'이라는 것이다.

복제를 통해 현실에서 일어날 수 있는 일상적 이미지를 작품에 담으려고 하는 접근은 역사적으로 수많은 예술작품에서 쉽게 찾아볼 수 있다. 17세기 네덜란드 화가인 요하네스 페르메이르 **Johannes Vermeer**가 그린 델프트의 풍경은 운하의 전경을 눈으로 보는듯 가감 없이 보여준다. 하늘과 구름, 배와 도시의 전경과 운하, 수면에 비치는 배와 건물의 상은 우리가 볼 수도 있을 것 같은 사실적인 풍경의 묘사이다. 반면 윌리엄 터너 **J. M. William Turner**의 비 · 증기 · 속력 **Rain, Stream and Speed**에서는 빛을 강조하여 뿌옇게 흐려진 형태가 색을 통해 보여진다.

터너는 페르메이르가 재현했던 방식의 사실적인 풍경과 달리 빛을 통해 보는 세계의 풍경에 중점을 둔다. 우리는 터너의 그림을 통해 표현하고 싶은 주제에 따라 세계의 이미지가 달리 표현될 수 있다는 것을 배우고, 이를 통해 자연적인 외부 세계와 예술가의 내적 표현으로서 추상적인 세계 사이에 균형이 이루어지는 것을 보게 된다. 자연에서 시작했지만 우리가 고찰해야 하는 세계는 그대로의 자연이 아닌 내면적 과정을 거쳐야 하는 결과물로서의 표현이다.

그림 7

델프트의 전경 View of Delft, 요하네스 페르메이르(왼쪽), 비 · 증기 · 속력 Rain, Stream and Speed the great Western railway, 윌리엄터너(오른쪽).

도시의 전경이나 동물의 형태처럼 이미 결정되어 있어서 볼 수 있는 형태를 표현하는 것은 실제와 얼마나 가깝게 보이도록 그릴 것인가 혹은 실제를 떠올리게 하는 이미지를 제시할 것인가라는 기술적 문제로 귀결될 수도 있다. 반면 정해지지 않은 형태를 표현하는 것은 의외로 까다로운 과정을 요구할 수 있다. 앞서 양파와 식물조직 크기의 작은 세계로부터 일상적인 물체들까지 다양한 관점에서 현존하는 형태를 찾아내는 것에 대해 이야기했다. 형태를 만들기 전에 우리는 우리를 둘러싸고 있는 세계와 그 세계를 구성하는 수많은 형태를 본다. 하지만 본다는 것이 전부는 아니다. 세상에는 보이는 것보다 더 많은 것들이 존재한다. 우리가 찾을 수 있는 여러 종류의 형태는 무형의 현상에서도 발견된다. 이런 종류의 형태는 물리적 형태를 가지지 않는 것처럼 보이는 자연 혹은 인공적 현상에서 찾을 수 있고, 대부분의 경우 특정한 매개체를 가진다.

불어오는 바람은 형태가 없는 것처럼 보이지만 바람에 날리는 먼지나 천의 형태를 통해 기류가 움직이는 형상을 유추해낼 수 있다. 동트는 새벽이나 노을이 지기 시작하는 저녁 때 대기를 채우고 있는 붉고 푸른 두 가지 색이 하늘에서 합쳐지는 경계선을 발견하는 경우가 있다. 매직아우어 **Magic Hour**라 불리는 이 현상이 보이는 것은 공기 중의 입자에 빛이 반사되기 때문이다. 이런 다양한 체험을 통해 우리는 경험적으로 현상 **Phenomenon**을 자각하게 되고, 이런 현상들이 보이는 형태를 종종 예술적 방법으로 재현하고자 하기도 한다.

그림 8
자연현상의 이미지. 토네이도(위), 노을과 매직아우어(아래). 기류의 형태, 난반사를 통한 색의 변화를 보여준다.

무형의 물질에서 어떤 현상을 통해 형태를 보여주는 또 다른 예로 물이 있다. 대부분의 물(액체)은 하나의 정해진 형태를 유지하지는 않지만 바닷물은 끊임없이 움직이며 형태를 만들어낸다. 중력에 의해, 조류와 해류의 변화에 의해 만들어지는 형태는 패턴이 있고 우리는 이를 파도라고 부른다. 바닷물이 만드는 인상적인 형태를 재생산하기 위해 우리는 우선 바다라는 이미지를 떠올린다.

이 이미지는 우리에게 기억으로 남은 상 **Image**이다. 머릿속의 이미지는 우리가 사용하는 여러 매개체를 통해 다시 만들어진다. 무엇이든 매개체가 될 수 있는데, 색일 수도 있고, 붓자국이 만든 형태일 수도, 소리일 수도, 파도의 형태일 수도, 혹은 이 모든 요소들의 조합이 만들어내는 어떤 효과일 수도 있다. 현상을 구성하는 요소가 무엇인지 찾아내거나 그 요소들이 개별적으로 혹은 함께 작용하는 원리를 이해하여 특정 현상을 예측 가능한 사건으로 만들어 재구성하는 것 등, 모든 것이 표현의 소재가 될 수 있다.

자연에서 얻은 이미지를 재창조하는 과정에서 우리가 원하는 것은 자연 그대로의 이미지가 아닌 경우가 많다. 사실 어떤 매개체를 사용하든 창작 과정에서 우리는 특정

그림 9

중력이 물을 통해 보여주는 다양한 형태는 파도로 시각화된다.

물체나 현상의 일부분을 선택적으로 흉내낼 뿐이다. 이 모방의 과정에서 선택한다는 것은 창작활동의 초점이 단순관찰에서 좀 더 분석적이고 논리적인 사고로 옮겨와야 한다는 것을 의미한다. 여기서 추상 **Abstraction**이라는 개념이 필요하다. 추상이란 사물이 지니고 있는 여러 가지 측면 가운데서 특정한 측면만을 포착하는 것이다. 대부분의 경우 추상을 통한 결과물은 불필요한 속성들을 제거하여 좀 더 근본적인 어떤 것을 강조하는 경우가 많다. 예를 들어 밀물과 썰물, 짠맛 등의 속성은 바닷물을 대변하는 일종의 성질이 될 수 있다. 즉 추상이란 지각을 통해 요소를 추출하고, 단순화를 통해 의미를 재생산하는 개념적인 과정을 말한다.

물질적인 실체가 없는 것을 표현해야 하는 경우도 있다. '비어 있음'이라는 개념을 표현하려 한다고 생각해보자. 비어 있다는 것은 정해진 형태가 없는 상태를 나타내는 개념이다. 따라서 이 개념을 전달할 매개체가 필요해진다. 예술가는 아무 것도 없는 사막을 그리거나 내용물이 없는 빈 상자를 전시해 보인다거나 차가 없는 주차장이나 사람이 없는 거리의 이미지를 통해 비어 있음을 보여줄 수 있을 것이다. 이런 경우 특정 형태가 아니라 관찰자의 시각에 따라 다양한 종류의 매개체가 존재할 수 있다. 우리는 이런 과정을 표상 **Representation**이라 일컫는다.

인간의 표현 **Expression**은 표상 없이는 불가능하다. 표상이란 사람이나 사물, 혹은 물질 등을 특정한 형태, 혹은 본성을 가지는 어떤 것을 통해 묘사하는 것이다. 즉 시각예술에서 가장 단순한 형태의 표상이란 사람이나 사물을 객체로 하여 그 형태나 특징을 특정매체를 통해 보여주는 것이다. 표상의 매체는 표현하고자 하는 사물 또는 사물을 연상시키는 유사성을 가진 모형이나 그림이 될 수도 있다.

그림 10
'비어 있음'을 표현하는 매체로서의 이미지. 거리, 바르셀로나(위쪽), 주차장, 몬트리올(아래쪽).

모방한다는 것은 무엇일까 On copying

기존의 형태나 작품을 선례로 배우는 것은 오래된 학습법이다. 오랜 기간 수많은 사람들에 의해 집적된 여러 패턴을 통해 방대한 양의 자료를 제공받을 수 있기 때문이다. 창의성을 강조하는 스튜디오 강의에서 흔히 받는 질문 중 하나는 다른 사람의 작품을 어떻게 모방하지 않고 참고할 수 있느냐는 것이다. 많은 학생들, 때로는 전문가들도 무언가를 모방한다. 어떤 것이 참고이고 어떤 것이 모방일까? 어떤 모방은 괜찮고 어떤 것은 복제로 취급된다. 어떤 이는 원작을 멋지게 희화하는 패러디를 만들어내고 어떤 이는 원작보다 나은 작품을 만들었다고 칭송받는다. 복제와 모방, 재창작의 차이는 어디에서 오는 것일까?

이에 대한 답은 유사성 **resemblance and likeness**의 차이에 있다. 쉬운 예로 쌍둥이의 얼굴은 흡사하고, 부모와 자식의 외모는 닮았다. 쌍둥이는 다른 하나의(유전적) 복제이고, 부모와 자식의 외모는 다르지만 그들의 관계를 짐작할 수 있을 만큼 유사하다. 부모와 자식의 외모가 유사성을 보이는 것은 그 외모의 특징을 교묘하게 조합해놓은 유전이라는 생물학적 과정을 통해서 가능해진다. 쉽게 말하면 후자의 경우가 일반적으로 용납할 수 있는 모방의 한계가 아닐까 한다.

모방과 패러디, 즉 기존의 표현을 차용하는 것은 물론 다르다. 극단적으로 잘 알려진 표현을 사용하는 재미있는 예로 '클리쉐' 가 있다. 클리쉐란 인쇄에 사용하는 판을 지칭하는 19세기 프랑스어로 자주 사용하는 단어들을 인쇄할 때마다 같은 개별 활자들을 조합하는 수고를 덜기 위해 미리 묶어놓은 꾸러미를 지칭한다. 기성품 같은 틀에 박힌 표현을 의미하며, 너무 많은 사람이 사용해서 이미 지루할 만큼 흔하게 굳어진 표현을 말한다. 시각적인 예를 들면 철과 콘크리트의 질감으로 기계적 감성을 말한다거나, 노이즈가 많은 흑백이나 세피아톤의 이미지로 오래된 과거를 표현하는 것 등이다. 물론 현실 혹은 상상의 재현이라는 점에서 기존의 표현법이 항상 부정되어야 하는 것은 아니지만 크리스마스에는 따뜻하고 기적적인 일이 일어난다는 스토리적 클리쉐가 팀버튼 감독의 〈크리스마스의 악몽〉에서 여지없이 깨질 때 일종의 쾌감과 놀라움을 동시에 느끼는 것을 보면 표현의 차용은 꼭 필요한 경우에 선택적으로 사용해야 하는 것이 아닌가 한다. 짧게 언급했지만 자연과 모방, 표현과 표상 등은 이해하기 쉬운 개념들은 아니다.

기초 조형을 배우는 단계에서는 항상 '무엇'을 표현하느냐와 함께 '어떻게' 표현하느냐라는 현실적인 방법의 문제가 동시에 부각된다. 무엇이 아름다운가 같은 미의 본질적 질문에의 답은 이 책의 범위를 넘어선다. 다만, 아름다움이란 체험에서 시작되어 관념과 사고를 통해 재구성되는 어떤 특성으로 다양한 방법을 통해 표현될 수 있음은 명백하다. 이 부분에 대한 이해가 어렵다면 먼저 예시를 통한 연습 과정을 거치며, 창작의 본질과 예술적 가치에 대해 천천히 생각해 보아도 무관하다. 조형이나 설계스튜디오에서 프로젝트를 통해 배우는 이유는 직접적인 훈련이 철학적 개념이나 말을 통해 배우는 것보다 직관적이고 이해하기 쉽기 때문이다.

보여주기 위한 방법들 Some visualization systems

관찰과 사고가 개인이 가진 이미지를 구체화하는 과정에 선행된다면 이 이미지를 구체적으로 표현하는 방법에 대해서 살펴보는 것도 의미있는 일이다. 생각하거나 상상하는 이미지를 눈에 보이는 것으로 만들어내는 과정을 시각화 **Visualization**라고 한다. 예술과 디자인 분야의 교육은 물체의 형태를 시각화하는 과정에서 사용되는 일반적인 방법을 배우고, 이를 적용하는 훈련의 단계를 포함하는 데 건축의 경우 도면이나 투시도, 모형제작, 모델링 등의 방법을 통해 다양한 매체를 다루는 법을 배우게 된다.

그림 11

듀러의 그림. 삼차원 물체의 이미지를 이차원적 평면에 투영하기 위해 도구를 사용했음을 보여준다(왼쪽). 일반적인 1 소점 투시도의 구도(오른쪽).

눈으로 보는 것과 보여주고 싶은 것을 표현하고자 하는 노력은 시각화를 위한 다양한 방법을 만들어냈다. 그 중 삼차원 이미지를 이차원인 평면에 그리기 위한 투영법 **Projection**은 예술뿐 아니라 공학 등 여러 분야에 걸쳐 두루 사용되는 방법들이다. 예를 들어 공간의 깊이 혹은 거리감을 평면에 표현하기 위한 방법으로 투시도가 있다. 투시도는 16세기 이탈리아에서 시작된 드로잉 기법으로 사물과 관찰자와의 거리가 멀어지면 작고 흐리게 보이는 시각적 효과를 표현하기 위해 만들어진 방법이다. 여러 가지 다른 종류의 투시도가 있지만 정해진 소실점으로 모든 선이 모여 사라진다는 기본적인 원칙은 동일하다. 투시도 기법을 사용해 그린 그림이 사진이나 현실과 정확히 일치하지는 않지만 통용되는 투영기법 중 눈으로 볼 수 있는 이미지에 가까운 결과물을 만들어 내는 표현법이다.

투시도와는 다르지만 이와 비슷한 기계적 시각화의 방법인 도면의 예를 들어보자. 도면은 직교투영 **orthographic projection**의 한 형태이다. 그 중 평면이나 단면, 입면도 같은 도면은 투영되는 면이 보여지는 사물의 면과 평행하다. 도면은 알고 있는 형태이지 눈에 보이는 형태가 아니다. 이러한 도면은 시각적 이미지가 아닌 사실적 정보를 전달하는 데 그 목적이 있다. 도면으로 전해지는 정보를 통해 그 누구라도 동일한 결과물을 만들 수 있어야 잘 그린 도면이다.

빠른 시간에 형태를 잡아내는 시각화의 다른 방법으로 사진이 있다. 사진기술은 과학적 방법을 통해 순간적으로 시각이미지를 기록하려는 시도에서 시작되었고, 미디어의 발전과 함께 점점 더 광범위하게 사용되고 있다. 사진 역시 표현의 도구로 사용되는 데 예를 들어 머이브리지 **Edward Muybridge**의 사진은 시간의 경과를 통해서만 얻을 수 있는 연속적 이미지를 한 장의 사진 속에 나열하거나 중첩해서 움직임 **movement**이라는 개념을 시각적으로 보여준다. 이런 표현법은 한 세기가 지난 현재까지도 영화나 애니메이션 같은 시각 및 영상미디어 분야에서 자연스럽게 사용되고 있다.

그림 12

삼차원 형태를 전개도로 바꾸면 눈에 보이는 이미지와 전혀 다른 형태가 된다. 개구리의 표피를 평면에 편 전개도

도구와 장치, 시스템은 과학적으로도, 작가 개개인에 의해서도 발전된다. 형태와 심상 **image** 혹은 무형의 개념 **concept**을 표현하기 위해 어떤 기법을 사용할 것인지는 개인의 선택이다. 다만, 소재에 따라 더 효율적인 기법이 있는 경우도 있고, 동일한 기법을 사용해 같은 소재를 표현할 때도 사용하는 도구에 따라 결과물이 주는 인상이 달라지는 경우도 있다.

그림 13

시간경과에 따라 연속적으로 달라지는 형태를 중첩하거나 나열해서 움직임과 변화를 표현한 사진. 머이브리지의 Body Movement(위쪽), 2010 Lunar Eclipse(아래쪽).

추상은 방법이다

ABSTRACTION IS A METHOD

In conceptual art the idea or concept is the most important aspect of the work. When an artist uses a conceptual form of art, it means that all of the planning and decisions are made beforehand and the execution is a perfunctory affair. The idea becomes a machine that makes the art. Sol LeWitt "Paragraphs on Conceptual Art", Artforum, June 1967.

"개념미술에서는 아이디어나 개념이 작품의 가장 중요한 요소이다. 미술가가 미술의 개념적인 형식을 사용한다는 말은 계획을 세우고, 결정을 내리는 모든 과정은 이미 이루어졌으며, 그 실행은 부수적인 문제라는 뜻이다. 개념이야말로 예술작품을 만드는 장치가 된다."

솔 르윗

시각이미지와 개념의 분리 Image and Concept

주변을 관찰하는 것이 영감을 얻는 과정이고, 얻어진 이미지를 표현하기 위해 구현 **Representation**의 과정을 거치게 된다고 앞서 설명하였다. 하지만 모든 예술이 주변의 이미지만을 표현하지는 않는다. 예술사를 살펴보면 예술적 영감의 근원은 자연에서 시작된 시각적 체험이 주는 이미지에서 개인의 내면세계로 옮겨왔다. 이를 가장 잘 반영하던 예술운동이 추상주의 **Abstractionism**이다. 이 역사적 움직임은 눈으로 볼 수

있는 이미지(감각)와 개념(사고)이 어떻게 분리되었는지, 아이디어를 이미지에서 분리했을 때 어떤 결과물을 낳게 되었는지를 쉽게 보여준다. 몬드리안 **Piet Mondrian**은 형태의 단순화를 점진적으로 한눈에 볼 수 있는 일련의 그림들을 남겼다. 나무 시리즈로도 불리는 이 그림들은 자연형태를 표현한 것들이다. 색과 형태는 단순화 · 추상화되고, 순수하게 남은 형태들이 훗날 후기 작품들을 구성하는 데 기본요소가 되었다. 이 단순화의 과정은 몬드리안이 자연형태를 전혀 그리지 않을 때까지 계속되었고, 결과적으로 그는 원색의 기본형을 사용한 후기작품들로 더 잘 알려졌다.

그림 14

몬드리안이 그렸던 그림들을 연대순으로 살펴보면 사실적인 형태에서 시작해 형태의 단순화가 점진적으로 진행되었음을 볼 수 있다. 나무의 형태는 점차 단순해졌고, 색은 원색이나 흑백에 가깝게 바뀌었으며, 결과적으로 남은 형태들은 후기작품을 구성하는 기본요소가 되었다. Willow Grove Impression of Light and Shadow, 1905, Evening; Red Tree, 1908~10, Grey Tree, 1911, Apple Tree in Blossom, 1911, Composition 7, 1913, Composition with Gray and Light Brown, 1918.(왼쪽에서 오른쪽)

의식 속의 세계, 즉 개념을 표현한 다른 예를 들어보면 예술을, 개념 자체를 만드는 구조로 본 작가 중 솔 르윗 **Sol Lewitt**이 있다. 미니멀리즘 **Minimalism** 화가로도 잘 알려진 르윗은 극단적으로 모든 것으로부터 순수하게 개념만을 분리하고자 했다. 그는 개념에 근거한 형상이 가장 우선하는 작품을 만들기 위해 화폭이나 종이가 아닌 벽면에 그림을 그렸다. 벽에 그려진 그림은 독립적 물체가 아닌 주변의 일부가 된다. 가치를 가진 독립적 물체인 그림을 벽에 묻어버림으로써 물성을 지워버린 것이다.

추상은 시각적 이미지가 아닌 개념을 다루어 체계화하고자 하는 지적이며 구조적인 장치이다. 몬드리안의 경우 장기간에 걸쳐 형태를 단순화함으로써 눈을 통해 받아들이는 물체의 이미지로서의 형태가 아닌 정제된 요소로서의 형태에 접근하고자 했다. 실제 물체의 이미지와 예술가의 관념적 심상으로서의 이미지가 달라지는 것이다. 르윗의 경우 기하학적 개념을 시각화하는 방법으로 추상이 모든 것에 우선하였다. 둘의 공통점은 형태를 있는 그대로 보는 능력이 아니다. 자연적이거나 인공적인 세계에 형태는 언제라도 존재한다. 추상이라는 세계에서 의미 있는 형상이란 형태 자체가 아니라 우리가 보고, 발견하고, 사용하는 언어이자 방법이다.

개념 **Concept, Idea**이란 그 자체로 존재한다. 루돌프 스테이너 **Rudolf Steine**는 "생각이란 내 것이 아니다. 생각은 우리보다 위대하다."라고 하며 생각과 개인을 별개의 요소로 보았다. 임마누엘 칸트의 아프리오리 **a priori**, 즉 선험적으로 사고를 움직이는 개념은 기본적으로 시간과 공간이라는 한계를 내포하고 있지만 인간의 생각을 경험이나 현실세계에서 분리해낸다는 점에서 추상의 의미를 이해하는 데 도움을 준다.

그림 15

선과 면만을 이용한 기하학적 패턴의 벽화. 솔 르윗, 메트로폴리탄 아트뮤지엄, 뉴욕.

표현도구로서의 개념들 Concept, tools for expression

그림 16
작업중인 폴락

시각화의 다른 방법으로 움직임과 과정을 강조한 작가가 있다. 미국 추상주의 화가 잭슨 폴락 **Jackson Pollock**은 그림을 그리는 과정 자체가 작품을 만드는 가장 중요한 요소가 된 **Process is also art** 일례를 보여준다. 많은 이들이 붓과 페인트로 그림을 그리지만 폴락의 경우 동적인 과정을 통해 표현했다. 제작 과정에서 작가가 어떻게 움직였느냐가 작품을 구성하는 데 가장 큰 영향을 미쳤기 때문이다. 결과물로서의 그림은 움직임을 시각적으로 기록한 것이다.

특정 메시지를 전하는 작품도 있다. 자전거와 자전거의 그림자를 그린 그림은 형태의 복제를 통해 표현하고자 하는 주체가 달라지는 경우를 보여준다. 첫 번째 사진은 자전거라는 물체의 형태를 보여준다. 두 번째 사진에서는 자전거의 그림자가 이미지로 남아 있다. 특정 시각에 생기는 그림자의 형태는 그 시각을 메시지로 기록하고, 그 메시지를 전달하는 매개체이다. 작가는 그림을 그리는 순간 자전거의 그림자가 만드는 형태를 그렸지만 시간을 나타내는 문장을 덧붙임으로써 순간을 반영하는 형태라는 특성을 추출해 남긴 것이다.

그림 17

Message is the art. 시각이라는 메시지를 전달하는 이미지.

한 가지 속성만을 개념 혹은 주제로 분리해서 나타내고자 할 때 개인의 표현에 따라 결과물이 크게 달라지는 것을 흔히 본다. 여러 작가들은 각자의 방법으로 의미를 표현한다. 예를 들어 르느와르의 풍경화와 몬드리안의 구성에서 우리는 "색" 이라는 동일한 주제를 본다.

개념적 형태가 실제 공간에 놓이면 시각 체험은 공감각적 체험으로 확장된다.예를 들어 도널드 주드 **Donald Judd**는 콘크리트로 만든 거대한 상자를 임의의 대지에 일렬로 배치했다. 사각의 형태만을 강조하는 기본형태는 외부공간에서 좀 더 입체적이고 직접 통과하거나 체험할 수 있는 건축적 구조물로 바뀐다.

그림 18

색이 우선하는 이미지. 르느와르(왼쪽), 몬드리안(오른쪽)

냰시 홀트 **Nancy Holt**는 튜브형 콘크리트 구조물을 사용했다. 원형 공간은 주변 경관을 보는 틀로서의 형태를 제시한다. 마이클 헤이저 **Michael Heizer** 역시 땅에 위치했을 때 음각으로 파여 체험할 수 있는 공간을 강조한다. 이런 작품들은 기하학적 형태와 자연의 관계 속에서 형태가 만들어내는 순수한 공간을 보여준다. 우리는 세계를 이루는 형태를 바라보고, 우리의 사고는 외부세계의 이미지로부터 시작되어 순수개념적 형태로 수렴한다. 단순하게 정제된 형태들은 다시 외부 공간으로 확장되어 우리의 공간적 체험에 영향을 주는 장치가 된다.

그림 19

Double Negative by Michael Heizer(왼쪽 위). Untitled Works in Concrete by Donal Judd(오른쪽 위). Sun Tunnel by Nancy Holt(왼쪽 아래). Lightening Field by Walter de Maria(오른쪽 아래)

디자인은 의식적인 행위이다

DESIGN IS A CONSCIOUS ACTIVITY

코끼리의 그림은 예술인가 Can elephants draw

러시아 태생의 두 예술가 코마 **Vitaly Komar**와 멜라미드 **Alexander Melamid**가 진행했던 한 프로젝트는 태국의 야생코끼리 보호기금 마련을 위해 코끼리에게 그림을 가르치는 것이다. 그 중 가장 잘 알려진 것은 서커스 공연을 하는 엄마코끼리와 야생코끼리였던 아빠코끼리 사이에 태어난 라모나 **Ramona**였다. 라모나는 비탈리와 알렉산더가 그림그리는 법을 가르친 지 이틀만에 여러 색의 페인트를 스스로 골라 캔버스에 칠하기 시작했고, 작품들은 뉴욕 크리스티 경매에서 거래되었다.

그림 20
Dance with me. 코끼리 라모나의 그림

비탈리와 알렉산더, 그리고 동물보호운동가들과는 전혀 다른 이유로 이 프로젝트는 다양한 분야의 전문가들의 관심을 끌었다. 인지과학자들은 라모나의 그림들을 과연 예술로 보아야 하느냐는 점에 초점을 맞추었는데, 이는 과연 코끼리가 의식적으로 색을 고르고 캔버스의 특정 부분에 의도된 형태를 그렸느냐는 점이 과학적으로 증명되지 않았기 때문이었다. 예술평론가들은 어떤 기준에 의해 라모나의 그림들이 예술작품으로 보여지느냐에 관한 질문을 던졌다. 누가 보느냐에 따라 이 그림이 라모나의 초상화일 수도 혹은 그저 임의로 색을 덮어씌운 것으로도 볼 수 있기 때문이었다.

처음 디자인을 시작하는 학생들이 갖는 질문은 두 번째 질문과 크게 다르지 않다고 생각한다. 이 질문에 대한 답을 쉽게 내릴 수 없는 이유는 예술의 가치란 관찰자의 해석에 따라 달라질 수 있기 때문이다. 넓은 의미에서 예술은 꽤 관대하다. 첫 번째 질문은 답보다는 디자인 과정에 대한 인간의 시각을 보여주기 때문에 흥미 있다. 코끼리가 아닌 인간으로 대상을 바꾼다면 우리는 어떻게 대답할 수 있을까. 우리의 창작물은 아무 생각 없이 만들어낸 것일까.

디자인은 과연 무엇을 하는 행위인가? 일반적인 관점에서 디자인은 과학기술과 예술의 접점에 위치하며, 사회 · 문화적 요인을 포함하고, 수많은 문제를 함축한다. 분야를 막론하고 다양한 지식의 총체적 결정체로서 디자인은 다분히 의식적인 행위이다. 넓은 관점에서 보았을 때 분명한 사실은 사람이 만들고 그리는 것은 그것이 무엇이든 목적이 있다는 것이다. 원시예술은 본능적인 표현과 기록의 결과물로 여겨진다. 고대와 중세의 디자인은 자연을 모티브로 하는 수공예였으며, 산업화가 진행되고 대량생산이 가능해지면서 예술과 기술은 분리되었다. 근대 예술가들은 디자인을 순수한 기능의 반영으로 보았고, 공예는 장식의 범주로 분리되었다. 이 모든 것들은 디자인이라는 행위를 점점 더 복잡하게 보이게 만든다.

제한된 상황에서의 의사결정 모델에 관한 이론으로 1978년 노벨경제학상을 수상한 허버트 사이먼 **Herbert Simon**은 디자인을 문제를 해결하기 위해 최적화 **Optimization**된 답을 찾는 과정으로 보았다. 최근의 디자인은 물체와 형태뿐 아니라 무형의 서비스와 조직구성, 인간과 기계 간의 상호작용에까지 확장된다. 물론 다양한 입장과 분야에 따라 다르게 받아들여지는 디자인이라는 행위와 그 과정을 여기서 쉽게 정의할 수는 없지만, 학술적으로 디자인이란 일종의 문제를 해결하는 것이라는 의견이 일반적으로 받아들여진다. 당장 무언가를 만들어내야 하는 학생들과 디자이너의 관점에서 볼 때 디자인의 본질이 무엇인가라는 질문은 다소 동떨어진 것처럼 느껴질 수 있겠지만 한 번쯤은 깊이 생각해 볼 가치가 있는 질문이다.

더 직접적이고 생산적인 질문은 오히려 디자인이 포괄하는 문제점 **design problem**의 본질에 관한 것이다. 만약 디자인이 문제를 해결하는 것이라면 디자인을 시작할 때 과연 무엇이 문제인가? 특히 예술이나 조형 같은 순수한 창작과정에서 과연 문제점이 무엇인가? 라는 질문은 중요하다.

과학 분야에서는 관찰에 의해 만들어진 질문과 가설의 설정, 증명이란 단계를 거친다. "물체는 왜 아래로 떨어지는가?"는 사과가 땅에 떨어지는 현상을 주의 깊게 보고 의문을 품었던 과학자의 초기 질문이다. 이 문제를 증명하기 위해 뉴턴은 보이지 않는 어떤 힘이 존재한다는 가설을 세웠고, 오랜 시간 동안 여러 과학자의 연구를 통해 인류는 행성들 사이에 서로 잡아당기는 중력이라는 힘이 존재한다는 결론을 내렸다. 공학 분야에서의 문제점들은 조금 더 구체적이고 일부 정량화가 가능하다. 예를 들어 어떤 형태의 다리가 가장 적은 소재를 사용하면서 일정한 무게를 지지할 수 있을 것인가 라는 질문에는 여러 가지 답이 있을 수 있지만 가장 적은 소재를 사용하며 하중을 지지하는 구조는 계산에 의해 설명된다. 여기에 강의 폭 같은 현실적인 제약조건을 덧붙이면 가능한 답의 개수는 훨씬 더 줄어든다.

약간 다른 예를 들어보자. 누군가 의자를 디자인한다고 생각해보자. 의자는 앉을 수 있어야 한다. 세상에는 앉을 수 있는 수많은 의자가 이미 디자인되어 있다. 우리가 알고 있는 형태들은 기존의 수많은 의자 형태의 일부분일 수도 있다. 새로운 디자인이란 과연 어떤 형태를 가져야 하는가라는 질문은 다리가 무너지는 정도의 문제점이 아닐 수도 있다. 디자인에서 말하는 문제점이란 오히려 기존의 형태와 명백히 불가능한 부분들 너머, 과연 의자를 무엇으로 볼 것인가에 대한 관점과 맥락을 정의하는 과정일 수 있다.

디자인은 문제를 설정하고 해결법을 찾는 과정을 유동적으로 전개하는 능력이다

Our ability to stay flexible

디자인의 본질은 문제점의 위계와 범위가 디자이너의 시각에 의해 바뀔 수 있다는 것이다. 물론 가능한 형태와 불가능한 형태는 구분하기 쉽다. 소재를 절약하기 위해 교량을 지탱하는 기둥을 가늘게 만들고 싶다면 기둥굵기의 최소치를 여러 번의 실험으로 확인할 수 있다. 하지만 가능한 형태가 얼마나 더 존재하는가를 실험으로 확인하기는 어렵다. 가능한 모든 형태의 대안을 만들어 낼 수 없기 때문이다. 무엇이 가능한가를 보여주기 위해 대부분의 디자이너는 이 단계에 가장 많은 시간을 들인다. 다음 단계로 가능한 형태들이 과연 사용하고 보기에 좋아보이는가를 묻게 되면 상황은 좀 더 어려워진다. 이는 형태를 기능만이 아닌 개인 혹은 사회적 취향의 영역으로까지 끌어내기 때문이다. 시각적으로 좀 더 만족스러운 형태가 다른 부분을 견고하게 만드는 데 걸림돌이 되는 경우가 종종 있다. 이런 경우 안전한 형태를 고수할 것인가 아니면 위험을 무릅쓰고 형태를 고수하며 문제가 되는 부분을 고쳐나갈 것인가는 가치의 문제가 된다. (이 경우 경제적 부분이 고려되는 것이 일반적이지만 사회 · 문화적 입장과 감성을 가치로 치환하여 그 가치를 위해 더 많은 재화를 지불하는 경우도 꽤 많다. 이 경우 불확실하더라도 반대급부가 커야 함은 당연한 일이다.)

사회가 발전하고 맞춤형 문화가 정착되면서 가치는 공공의 안전과 소유에서 개인의 선택과 감각의 영역으로 옮겨가고 있다. 결론적으로 디자인에서의 문제점은 유연하며 유동적이고, 다수의 해결법이 있을 것이다. 시도해보지 못한 해결법이 많다는 것을 알고 있는 상황에서 디자이너의 역할은 결정을 내리기 위한 방향을 잡고 대안을 작성하는 것이다. 결정에 필요한 요소는 기능, 인식 혹은 감각일 수도 있다. 물론 상징적일 수도 있다.

초기 개념이란 목표를 설정하는 것이다

Early concept : setting up a goal

디자인 과정에서 초기 개념을 정하는 것은 한 번은 거쳐야 할 가장 어려운 단계이자 가장 자유로운 단계이다. 개념을 정하는 것은 디자이너의 몫이다. 개념, 컨셉이란 주어진 프로젝트의 범위 내에서 개략적으로 목표를 설정하고 큰 그림을 그리는 단계이다. 이 과정에서 우리는 모형이나 드로잉 같은 시각화를 통해 생각했던 아이디어가 구체적인 형태로 바뀔 수 있는지를 확인한다. 많은 학생이 이 첫 단계를 어려워한다. 아무 것도 없는 상태에서 확실하지 않은 목표를 정하는 것은 누구에게나 어려운 일이다. 정해진 순서를 따라 누구나 똑같이 기계적으로 디자인할 수는 없다. 이 과정에서 무엇을 할 것인지 알기 위해 여러 가지 선례를 찾아보고, 조사하여 다른 접근방식을 알아보는 것은 어떤 면에서 지적으로 흥미 있는 일이다.

컨셉 **Concept**이란 내 프로젝트를 어디로 이끌어 갈 것인지 목표를 결정하는 과정이고, 그 과정에서 선택은 자유이다. 형태를 이끌어내는 과정에서 단번에 최종 형태에 관한 상상이 어렵다면 누구나 한 번 쯤은 접해보았을 점, 선, 면 같은 순수형태를 차용하는 것도 괜찮다. 단순한 형태를 구조적으로 쌓아가는 것은 의미 있는 훈련이다. 자유롭게 형태를 전개하는 과정을 보여주는 것도 상관 없다. 좋은 디자이너는 논리와 감각 두 가지 모두에 익숙하다.

형태를 만드는 프로젝트에서 개념을 잡는 데 있어 한 가지 주의할 점이 있다. 기존의 상징체계를 벗어나야 자유로운 조형이 가능하다. 예술사를 보면 포스트모던 시대에는 결과물로서의 형태보다는 그 형태가 내포하는 상징에 초점을 맞추었다. 예술이 궁극적으로는 표상체계라는 관점에서 상징은 중요한 부분이지만 디자인을 처음 시작하는 학생들이 상징적 의미에 얽매이는 것은 매우 위험한 일일 수 있다. 시대와 문화를 초월해 사랑받는 디자인이 있고 상징을 초월하는 형태가 존재한다는 사실은 상징이 우선하는 접근법이 전부가 아니라는 사실에 대한 일종의 반증이다.

디자인에 관해

CONSIDERING DESIGN

생각의 방향 Design Thinking

디자인 과정을 전개할 때 두 가지 다른 방향으로 접근할 수 있다. 첫째는 개별 요소에서 시작해 궁극적인 전체를 만드는 법이다. 이를 바텀업 방식 **Bottom-up Approach**이라 한다. 예를 들면 기본 유닛 **Unit**을 정하고 여러 개를 조합하여 구성하는 방법을 찾아나가는 것이다. 레고블록을 쌓는 과정이 그 예이다. 다른 하나는 우선 개괄적으로 전체적인 형태를 정하고 부분들을 다듬는 방법이다. 이를 탑다운 방식 **Top-down Approach**이라 한다. 초기 형태를 기본틀로 고수해야 하는 경우가 있다. 예를 들면 찰흙이나 석고 같은 재료로 대강의 형태를 우선 만들고, 전반적인 이미지를 유지하며 부분적으로 깎고 수정하는 식의 방법이다. 첫 번째 방법은 개별적 요소의 논리적인 구성에 초점을 두는 과정이고, 두 번째 방법은 이미 가지고 있는 이미지를 구현하는 과정에 가깝다.

디자인에서 아이디어와 논리가 중요한 경우가 있고, 궁극적인 형태나 만들어진 재질감이 더 중요한 경우도 있다. 어느 쪽이 더 우선하는지는 선택의 문제이다. 선택 역시 작품의 맥락에 따라 달라지지만 모든 경우 만드는 과정을 즐기는 것은 디자인의 전개에 가장 필요한 부분이다.

모형을 만들고 스케치를 하며 도면을 그리는 것은 생각을 확인하는 과정이다. 일단 대강의 목표와 방향을 정했다면 눈으로 보고 만질 수 있는 중간 결과물을 만들어내야 한다. 프로토타입 **Prototype** 혹은 목업 **Mock-up**모형은 구상했던 형태와 디자인이 과연 내가 생각한대로 만들어질 수 있는지, 계획한대로 기능할 것인지를 확인하기 위해 만드는 것이다. 많은 경우 우리의 예상은 그대로 맞아 떨어지지 않고 여러 번 수정해야 한다. 생각만으로 형태를 디자인하는 것은 굉장히 어려운 일이다. 모형을 만들고 도면을 그리는 과정에서 생각은 계속 바뀌고 새로운 아이디어가 솟아날 수 있다. 여러 개의 대안을 작성하는 것 역시 그 과정의 일부이다. 대안을 만들어 비교하고, 가감하며, 궁극적으로 하나의 결과물을 이끌어내는 방법은 많은 작가와 디자이너에게 익숙한 과정이다.

문화적 확장을 위한 디자인 교육 Design Education, extended

즐거움을 위해서 혹은 특수한 목적을 가지고, 많은 전문가와 비전문가가 무언가를 만든다. 최근의 스스로 만들어 사용하는 **DIY Do-It-Yourself** 문화도 이와 어느 정도 연관되어 있다. 필요에 의해 만들어 쓰던 수공예문화가 산업혁명을 거치며 기계생산의 시대로 접어들어 사라졌던 것과 반대의 현상이다. 기술적 뒷받침과 함께 기성품을 사용하는 편안함을 만드는 즐거움으로 대치하는 시대로 옮겨가고 있다. 예전의 수공예가 소수의 장인에 의해 디자인되고 만들어지는 과정이었다면 최근의 만드는 문화는 좀 더 수평적이고 대중적이다. 직접 만드는 과정에서 얻을 수 있는 즐거움과 수고를 상업적으로까지 소비하는 시대로 접어들고 있다.

만드는 행위가 대중적으로 번진다는 것은 여러 가지를 시사한다. 초보자를 위한 교육이 더 절실해지게 되었다는 점, 그리고 디자인 교육이 일반에게 좀 더 개방되어야 한다는 것이다. 성숙한 사회에서 디자인이란 단순히 물질적, 지적 사치가 아닌 읽고 쓰는 것처럼 필수적인 사항이다. 잘 디자인된 어떤 것에서 우리는 기쁨—인간이 느낄 수 있는 최고의 목적—을 얻기 때문이다. 우리는 우리를 웃게 만들고, 편안하게 만드는 잘 디자인된 무엇들이 곳곳에 놓여 있다는 것을 알고 있다.

역사적으로 많은 예술가가 개인의 작업방법을 특정 개인에게서 배우는 도제식 교육을 받았다. 예를 들면 소리를 배우기 위해 이름난 명창을 찾아가 개인적으로 발전시킨 기술과 스타일을 그대로 배우는 방법이다. 이 경우 스승이아닌 다른 소리꾼의 스타일을 배워야 하는 경우 이미 본인의 노래법은 고정되어 있을 가능성이 있고, 후에 이를 바꾸기 어렵다는 단점이 있다.

예술교육이 도제식에서 현재의 방식으로 변하는 데는 오랜 시간이 걸렸다. 디자인 커리큘럼이 정규 교육과정으로 정착된 것은 근대에서야 가능해진 일이다.(독일의 바우하우스 **Bauhaus**는 건축과 디자인의 정규 교육과정으로 널리 알려진 예이다.) 현대의 스튜디오교육은 이 두 가지를 적절히 섞고 있다. 학년별 커리큘럼은 전반적인 단계를 설정하고, 개별 스튜디오는 누가 가르치느냐에 따라 조금씩 다른 프로젝트를 진행한다. 이런 형태의 교육은 특정기술의 습득보다는 전체적이고 기본적인 지식을 넓게 배울 수 있는 장점이 있다. 물론 독특한 스타일을 키우기 위해서는 전반적인 지식에 더해지는 개인적 노력이 필요하다.

스튜디오 문화 Culture in design studios

스튜디오 문화의 중요한 특징 중 성격이 전혀 다른 두 가지의 특징은 크리틱과 협업이다. 크리틱은 가장 개인적이고 개별적인 디자인 교육과정의 하나이다. 크리틱은 강의식 교육과 굉장히 다른 방식이지만 개인의 생각을 개별적으로 발전시킬 수 있는 방법이다. 이때 최대한의 피드백을 얻기 위해서는 본인의 생각을 충분히 전달해야 한다. 시각적으로 표현한 스케치나 도면, 모형을 다양하게 이용하여 왜 이렇게 만들었는지, 무엇을 만들고 싶은지, 아니면 어떤 방법이 가능한지를 꼼꼼히 질문해야 한다. 목표 없이 피드백을 얻을 수는 없다.

다음으로 가장 공동체적인 과정으로서의 협업은 스튜디오 기반 수업이 제공할 수 있는 큰 장점 중 하나이다. 특히 작품의 규모가 커지면서 물리적 제작과정이 길어지는 경우 공동제작은 필수적이 된다. 디자인이 직업이 될 경우 혼자 디자인하는 경우는 거의 찾아보기 힘들다. 같은 작품을 제작하지 않더라도 같은 스튜디오 안에서는 프로젝트의 궁극적인 목표가 같기 때문에 모든 작품은 서로 어느 정도 공통점이 있어 스튜디오를 구성하는 다른 학생의 작품을 보며 서로 질문하고, 서로에게 배울 수 있다. 즉 한 스튜디오에서 나오는 결과물들은 같은 문제를 다양한 시각에서 바라보고 내린 여러 가지 답변인 것이다.

첫 번째 개념 모형 Your first concept model

디자인이 무엇인가라는 질문에 대한 명확한 정의를 내리기는 어렵지만 누구나 디자인할 수 있다는 것은 사실이다. 그렇다면 우선 만들어보는 것은 어떨까? 만드는 것에 대한 최근의 트렌드 역시 우선 만들고 그 의미를 생각해보자는 조금 더 실험적이며, 체험적인 방향으로 움직이고 있다.

많은 조형 수업에서 컨셉, 즉 아이디어가 무엇인지를 묻는다. 앞서 이야기한대로 디자인은 의식적인 행위이고, 그 목적은 유동적이며, 답은 여러 개일 수 있다. 따라서 초기 아이디어는 공식적으로 어떤 것이어도 관계 없다. 하지만 기초단계에서 디자인의 목적이 되는 아이디어를 선정할 때 주의해야 할 점이 있다. 첫째, 아이디어는 형태와 관련된 것이어야 하고, 둘째, 상징을 주의하라는 것이다. 예를 들어 '반복' 적인 어떤 형태를 만들고 싶다면 컨셉을 '반복' 으로 설정하는 것은 일반적인 접근법이다. 무엇을 반복할 것인가는 순수기하학적 형태일 수도, 스스로 만들어낸 단위체일 수도 있다. 물론 이것들은 과정을 통해 여러 번 시도해 보고 결정하게 된다.

앞서 언급했듯이 디자인을 본인이 만들고 싶은 형태의 표현으로 여기고 불분명한 상징은 이해해야 할 맥락으로 치환해야 한다. 다른 이의 표현체계를 그대로 따르기보다는 스스로 이해하고 깨닫는 과정으로 여기며, 다양한 방법을 통해 훈련하는 것은 기초과정에서 가장 중요한 부분이다. 물질을 개념화하거나 개념을 물질화하는 두 가지 방향 모두 타당하고 유효하다. 디자인의 정수는 개념과 방법 둘 모두에 종속되기 때문이다.

PART 2

EXERCISES

기본사항

FOUNDATIONS

프로젝트 개요 Syllubus

Introducing Fundamental Design Elements

In his "Pedagogical Sketchbook (1954)," Paul Klee addresses fundamentals of design in the context of education. He classifies units of visual spatial design - Point, Line, and Plane and regulating principles that can be used to expand the elements in space. For example, a dot can move (a principle); the footprint of a moving dot creates a line. A line, as another type of element, can move again creating a flat plane, etc. These simple elements and the mechanisms that bind them together become the base knowledge of the postwar Bauhaus design curriculum. Design educators, researchers and professionals all have accepted these as the basics that provide us a toolkit, a system to work with.

In this project, students are going to experiment using the basic elements to create forms and structures of a surface. The goal of the first project is to make students aware of the basics, Point, Line, Plane, and their expansion in space. The utility of the simple set of elements will be emphasized during the process of creating and developing individual design concepts and the resulting form.

The project

Students will develop a self-standing surface form in 3 dimensional space. The final surface functions as a spatial envelop. It should be fine to think of the form as a kind of a large horizontal or vertical installation sculptural piece that needs no further structure.

Some necessary constraints are:

- Self-standing structure (not necessarily vertical or horizontal, e.g. okay to design a floor surface) with structural boundaries or edges (additional framework might required later)
- Surface with structural framework underneath (whether the structure is clearly visible/separated from the skin or not)
- The final form should be composition of one of the basic elements (point, line, plane) and clearly show that the form is a composite of one or more elements.

Goals and objectives

The course aims to provide the opportunity to understanding and learning of the following aspects of architectural design:

- Basics of design elements by working with the principles (one or more) that generate/control the elements
- Design methods & techniques: drawing and model-building as the important ways of developing abstract design concepts
- Construction of 3d form is the result of facilitating design elements; space is the by-product of the composition of physical elements
- Common visual spatial aesthetics: principles of general design composition, shape, material, scale, graphical/spatial language

• Relationships between 2D and 3D forms and the representational techniques
• Design process and modes of design process synthesis and analysis.
• Design studio culture (Learning-by-Doing) by working in the actual studio setting.

Method & Phases

Phase1: Modeling 1st Prototype

- Overall shape construction by building a concept model.
- Paper folding, cutting, bending, gluing…starting from actual paper surface design.
- Flat surface transformation (into 3D)
- Limited material choice

Phase2: Analysis

- Extracting elements (point/point cloud, line/linear linkage) from the concept model
- Produce analytical drawings

Phase3: Synthesis

- Linear structure development based on the result of the analysis (see Phase2)
- The work from this phase will become the base structure of the final form
- Use different materials chopsticks, plastic straws (wooden sticks/metal rods & wires/strings/or anything that's linear)
- Individual students can choose their own material. However it is necessary to limit the materials (something that represents lines and linear form).

Phase4: Development ***

- Surface development: This phase of work can be realized as simple surface form such as contours, wall surfaces, ceiling surface with simple structure etc.
- Ask for detailed description of the work.
- Complex 3d forms can be produced if students can develop their own modules
- Use mixture of materials from previous phases, combine them if necessary.

Rough grading criteria **

1. Understanding design process
   Participation to the studio conversation
   Prepared for the individual desk crit
   Developing design concepts through each phase of the project
2. Aesthetics
   Use of design languages and principles repetition, balance, dynamic, directional, etc.
   Visual pleasantness 2D and 3D form visually appealing
   Presentation of spatial ideas
3. Technical ability
   Material selection(e.g. how effective the selected material is, to represent the designated form?)
   Structural soundness of the models
   Quality of the architectural drawings
4. Completeness of the work
   Finished/late submission
   Work habits...

** Weight of each criterion must be different by the instructor.

몇 가지 원칙 Some Principles

스튜디오 강의를 진행하며 조형이라는 방대한 주제를 좀 더 설명하기 쉬운 형태로 세분하고 치환하기 위해 일관성 있는 접근법이 필요했다. 우리는 잘 알려진 몇 가지의 디자인 원리를 조합하고 재구성하는 방법을 형태구성에 접근하는 기본적인 틀로 사용했다. 다음은 기본 디자인 언어에서 흔히 찾을 수 있는 일반적인 요소 중 실제로 사용했던 원칙들이다.

① **기본요소를 통한 구축** : 기하학의 기본단위 요소인 선으로 시작해 면을 구성하고 그 면이 입체로 변하는 과정을 거쳐 좀 더 자유로운 기하학적 형태를 만들고자 했다.

② **유닛과 모듈** : 많은 경우 반복해서 사용하거나 조합할 수 있는 기본형을 구축하고, 이를 재구성하는 방법을 만드는 단계를 거치는 것을 기본으로 했다.

③ **스케일** : 크기에 따른 형태 인식의 차이, 즉 같은 형태라도 크기에 따라 다르게 느껴진다는 점을 설명하고자 하였다. 참고로 모든 최종 모형은 90cm×180cm 이상의 크기로 제작되었으며, 이 과정을 통해 스케일이 달라질 때 같은 형태가 더 날렵해 보이거나 둔해 보이기도 한다는 사실을 직접 확인하는 과정을 거쳤다.

④ **재료** : 형태 구성 자체에 초점을 두기 위해 다루기 쉬운 재료를 사용하여 실제 만드는 과정에서 재료를 다루며 생기는 문제점을 최소화하고자 했다. 여러 종류의 종이, 나무, 천, 플라스틱, 금속재료들을 사용했다.

그림 21

선의 길이에 적용된 반복 Repetition과 변이 Variation : 선으로 이루어진 삼각형 각 변의 길이가 점진적으로 변하면서 선들이 이루는 면과 면들이 이루는 입체의 형태가 변하는 과정을 보여준다.

기본요소 Basic Elements

선 Lines

단일선은 부피 **Volume**가 없고, 길이 **Length**를 가지며, 방향성 **Direction**을 제시하기도 한다. 하나의 선으로도 입체를 구성할 수 있지만 여러 개의 선을 사용했을 때 선은 미지의 형태를 구성하기 위해 쉽게 사용할 수 있는 기본적 요소가 된다. 예를 들어 두 선을 간격을 두고 배치하면 두 선 사이에 내부를 이루는 면 혹은 공간이 형성되고, 각각의 선은 내부의 면이나 공간을 한정하는 경계 **Boundary or Edge**가 된다.

다수의 선을 묶어 부피가 있는 형태로 만들 수 있다. 아무리 가는 실이나 철사라도 다발로 묶었을 때 어느 정도의 부피가 생기는 것을 생각해보면 이해하기 쉽다. 만들어진 형태는 기하학적으로 다양한 해석이 가능하다. 점의 그룹, 곡선의 그룹 혹은 실뭉치를 둘러싸고 있는 표면 **surface**으로도 표현할 수 있다. 그림 23은 철사 뭉치로 볼륨을 만들어서 그 볼륨을 둘러싸는 표면이 만드는 형태를 선을 사용해 자유롭게 표현한 것이다.

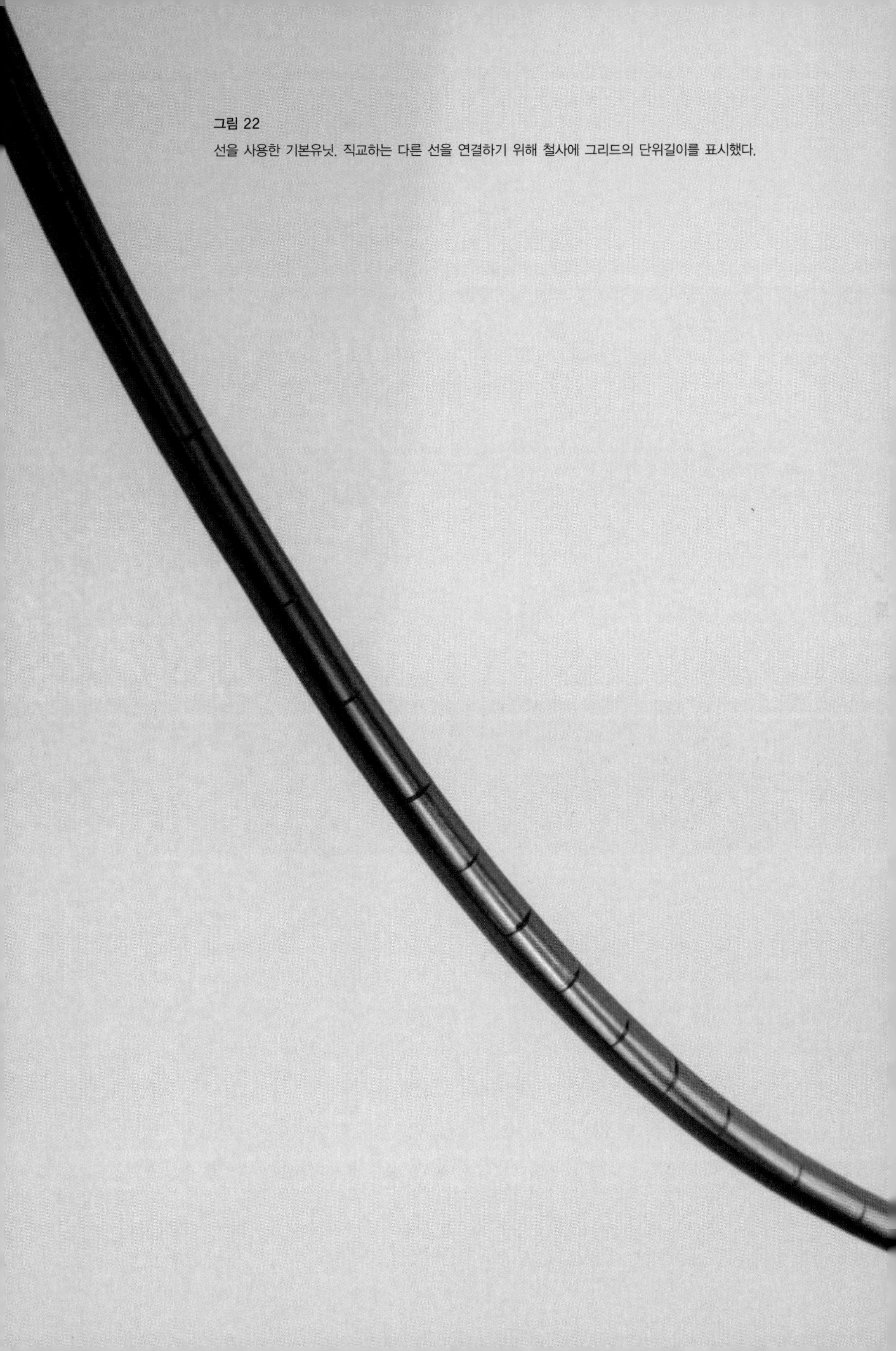

그림 22

선을 사용한 기본유닛. 직교하는 다른 선을 연결하기 위해 철사에 그리드의 단위길이를 표시했다.

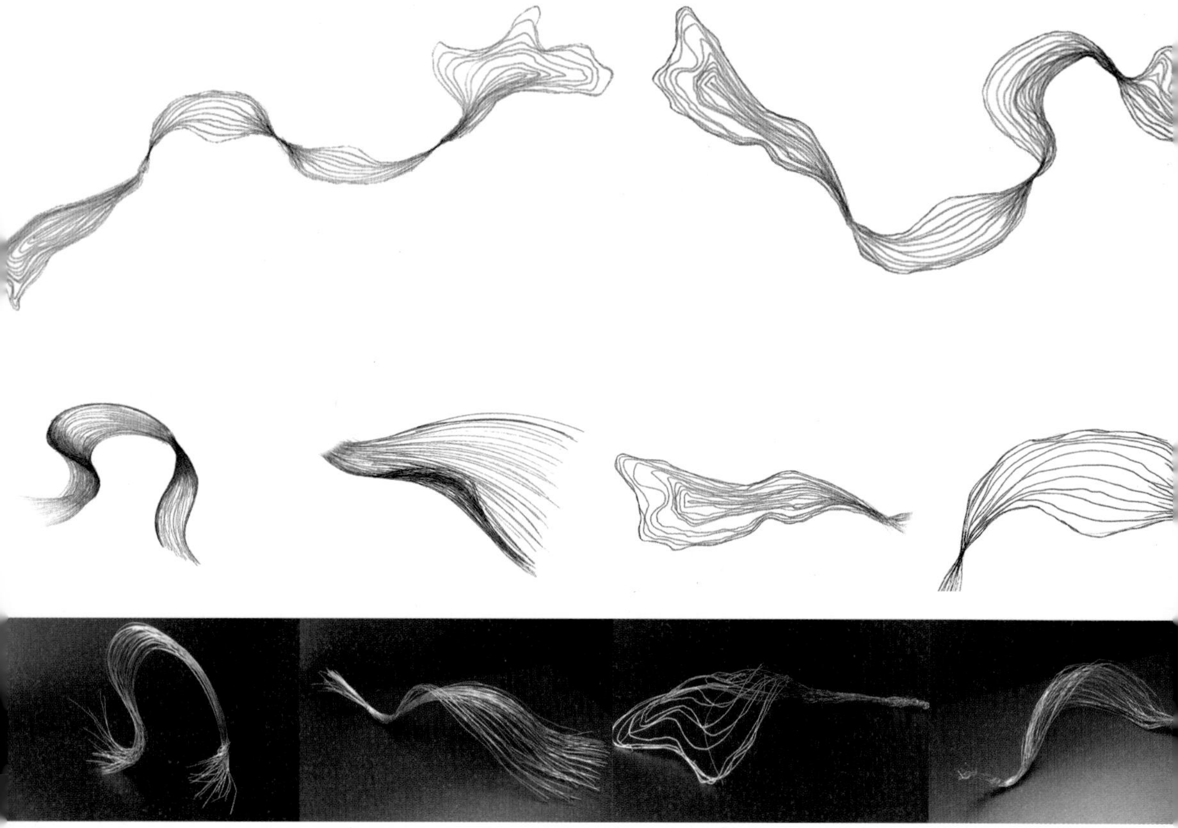

그림 23

선을 이용한 습작. 얇은 직물이 바람에 날리는 형태를 선으로 표현한 초기 스케치(위). 철사를 사용해 형태를 삼차원의 면으로 만들어 자유롭게 표현한 형태의 모형(아래).

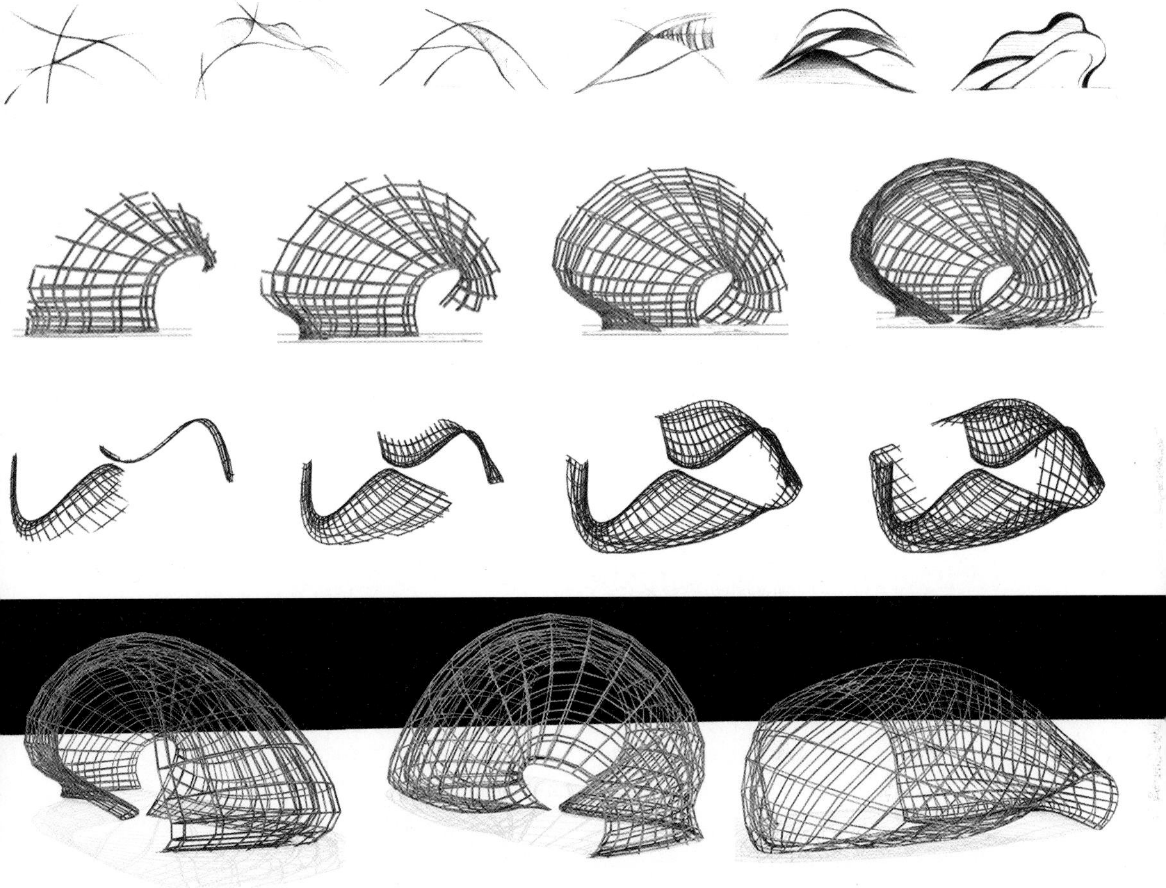

그림 24

선을 사용한 곡면 커브의 확장. 디지털 모델 wireframe model은 선이 늘어나며 면이 확장되는 과정을 시각적으로 설명하기 위해 작성되었다.

그림 25

면으로 이루어진 초기 개념 모형(위쪽). 선과 면의 조합으로 구성한 최종 작품을 정면에서 바라본 이미지(아래쪽).

입체적으로 구성된 선과 면이 공간 안에 놓였을 때 형태에서 비롯되는 다채로운 시각적 이미지를 찾을 수 있다. 그림 26의 이미지에서 선은 두 가지 역할을 한다. 하나는 직접적인 형상을 구성하는 요소이며, 다른 하나는 실체적으로 그림자를 드리워 좀 더 다채로운 시각적 패턴을 만들어내는 요소이다. 여기서 모든 선은 하나의 면을 이루는 요소가 되어 그룹으로 작용한다. 각각의 선은 규칙적으로 반복되며, 최종적으로 면을 만드는 동시에 바닥면에 그림자를 드리우고 그림자와 함께 시각적 패턴을 구성한다. 이런 패턴은 선적 요소를 사용했을 때에만 구현 가능하다.

같은 작품을 다른 각도에서 (이 경우 평면적으로) 보면 선을 지탱하는 면의 형태를 찾을 수 있다. 그림 25의 아래의 이미지에서 평면적으로 보이는 선과 그 선들이 이루는 입체적인 표면을 볼 수 있다. 그림 25 위의 이미지는 같은 형태를 면을 사용해 표현한 초기 개념 모형이다. 이 두 모형은 같은 형태가 구성요소에 따라 시각적으로는 전혀 다른 결과물을 이룸을 보여준다. 이를 형상 **Topology**이라 한다. 형상이란 요소들 사이의 위치관계를 나타내는 기하학의 세부적 개념이다. 두 모형은 위상학적으로는 같은 모양이지만 기본 구성요소를 면에서 선으로 바꿈으로써 시각적으로 좀 더 복잡해 보이는 효과를 얻을 수 있다. 무엇을 표현하고 싶은지, 어떤 형태를 무엇을 사용해 표현하는지에 따라 결과가 달라질 수 있으므로 다양한 요소를 사용해 시도해 보고 결정해야 한다.

그림 26

선과 면을 사용한 구성. 선의 형태와 선에 의해 만들어지는 그림자가 중첩되어 또 다른 패턴을 구성한다.

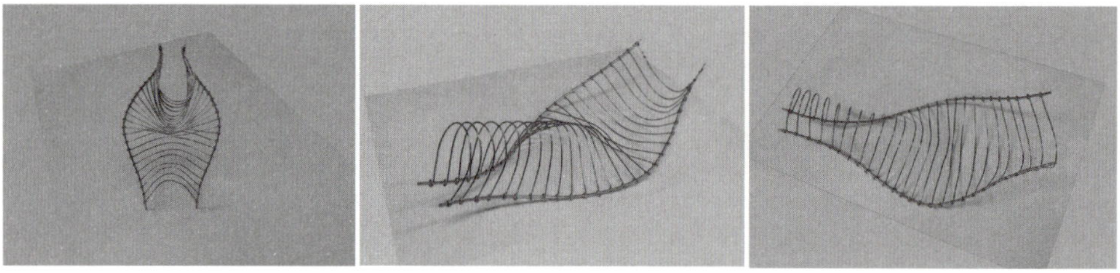

그림 27

선을 이용한 자유곡면 구성. 굵은 철사를 사용했다.

선이 이루는 형태가 자유롭다고 해서 형태를 이루는 기본 규칙이 없는 것은 아니다. 그림 27은 자유곡면을 이루는 커브의 형태를 선으로 표현한 것이다. 다수의 선으로 평면적인 그리드를 만든다. 선이 이루는 간격을 조정하면 두 선 사이를 잇는 수직의 다른 선들이 위 혹은 아래로 구부러지며, 다수의 선들이 이루는 면의 형태는 변하게 된다. 그림 28은 선을 사용해 형태를 변형시키는 단계를 기록한 것이다.

그림 28

그림 22에 보여진 단위체를 기본유닛으로 사용해 면을 확장하는 과정.

그림 29는 선을 직설적으로 사용해 형태를 만든 다른 학생작품이다. 그림 27, 28과는 달리 불규칙한 형태를 구성하는 것을 목표로 하였다. 모든 선이 이루는 간격과 형태는 임의적이다.

그림 29

정해진 규칙 없이 선으로 이루어진 불규칙한 임의의 형태를 만들었다.

면 Plane

면은 선을 이차원적으로 확장한 요소로 깊이가 없다. 흔히 알고 있는 **x**, **y**, **z**의 세 축이 서로 직교하는 공간으로 설명되는 유클리드 기하학에서 평면은 그 중 임의의 두 축을 따라 무한히 확장할 수 있는 종이처럼 납작한 표면으로 표현된다. 형태 구성에서 면은 선에서 시작해 삼차원 공간으로 확장되는 입체를 구성하는 과정에서 개략적인 형태를 표현하는 역할을 하기도 한다.

앞서 형태를 이루는 기본요소로 선을 사용하여 면과 입체를 구성한 실례들을 보았다. 이와는 반대로 선을 배치와 구성의 원리로 사용할 수 있다. 즉 면을 선이라는 요소를 강조하는 형태로 구성할 수도 있다. 그림 30에서 보여지는 이미지는 길게 자른 종이 면을 선형으로 배열하여 선적 **linear** 요소를 전체 구성에 적용한 일례이다.

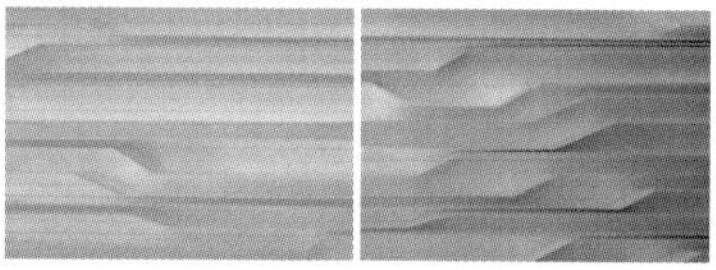

그림 30

길이와 방향성을 강조하기 위해 면을 선적으로 구성하였다. 단위 유닛(위), 선형으로 배치된 면들은 길고 방향성 있는 공간을 만든다.(아래)

그림 31

종이를 이용한 습작. 면으로 이루어진 자유구성. 다수의 직사각형을 휘어 곡면을 만들고 여러 곡면을 중첩시켰다. 어느 방향에서 바라보는지에 따라 면은 선으로도 면으로도 보여진다. 위에서 보았을 때 종이로 만든 면은 곡선 curve으로 보이고 앞에서 보면 중첩된 면의 조합으로 보인다.

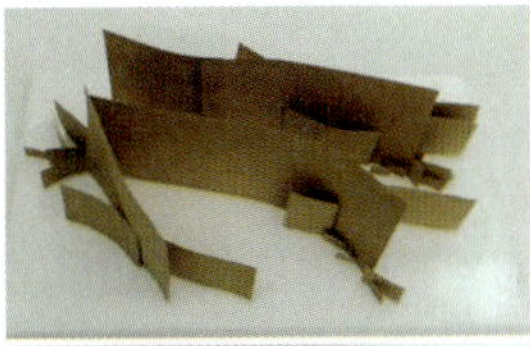

그림 32

종이를 이용한 습작. 면을 기본 요소로 하여 좀 더 복잡하고 입체적인 형태를 만들 수 있다. 하나의 면을 접어 공간의 볼륨을 한정하는 다양한 형태를 만들었다. 접는 방법에 따라 다양한 형태로 발전시킬 수 있다. 위로부터 1)두 개의 반원을 일부 겹친 형태, 2)불완전한 원통형, 3)나선형의 꼬임을 볼 수 있다.

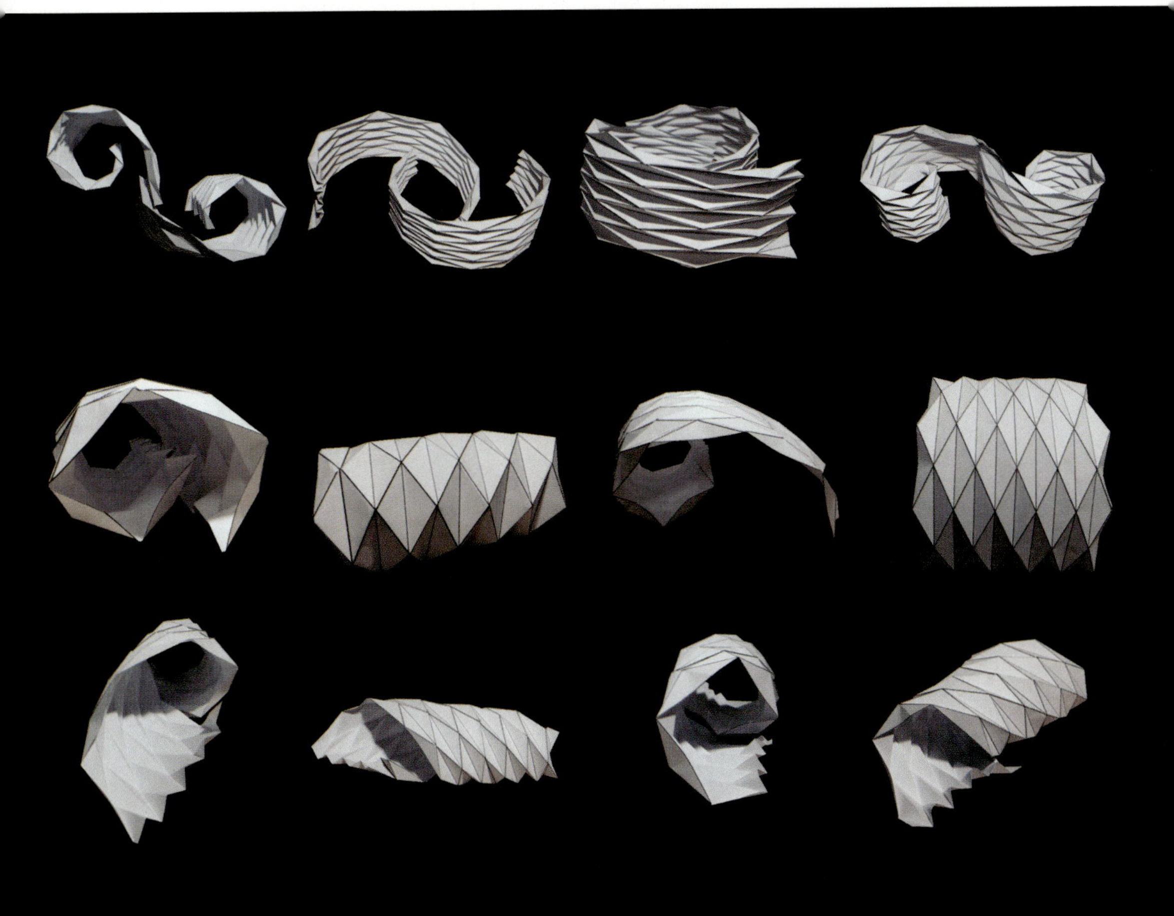

그림 33

한 장의 종이를 접어서 만든 패턴에 명암이 더해져 입체적으로 보이는 표면.

매스 Mass

매스는 구성요소가 삼차원인 공간으로 확장되었을 때 생기는 덩어리를 말한다. 일반적으로 말하는 매스는 무게감을 내포한다. 덩어리의 내부가 비어 있느냐 (볼륨 **volume**), 그렇지 않느냐 (매스 **mass**)에 따라 구분한다.

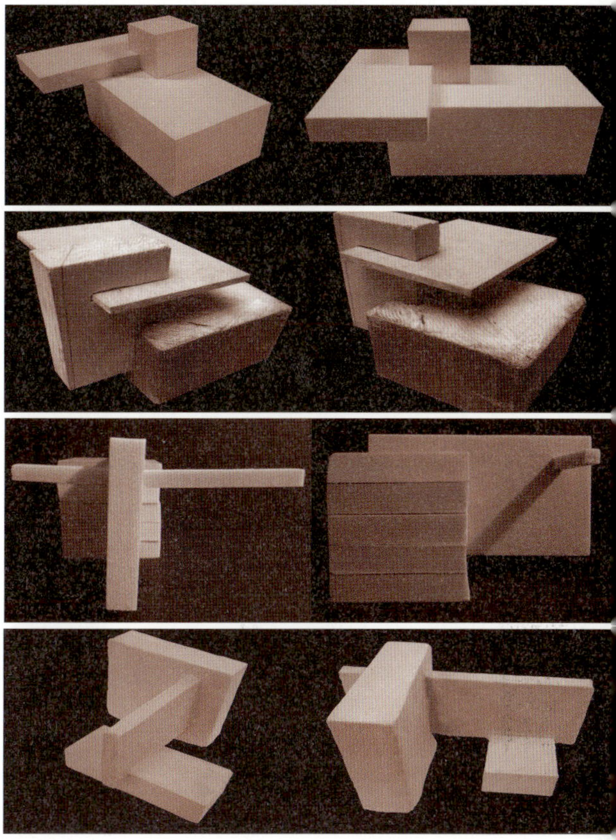

그림 34

세 개의 직육면체를 이용한 입체구성. 다양한 비례와 크기를 가진 육면체들이 서로 균형을 이루도록 하였다.

그림 35

매스를 이용한 초기 건축모형(왼쪽), 나무블록으로 건물 매스를 표현한 초기 배치모형(오른쪽)

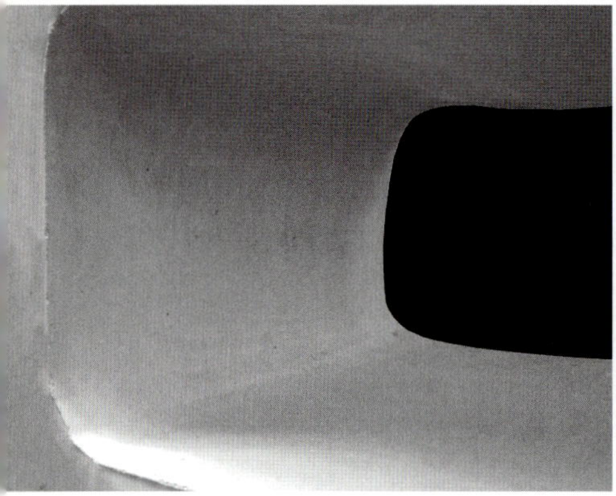
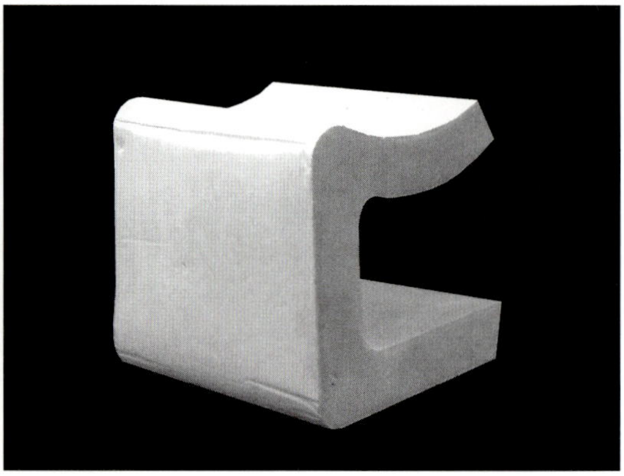

그림 36

매스를 기본으로 한 형태. 의자 디자인(위). 면을 쌓아올려 매스를 만든 형태, 테이블 디자인(아래)

그 외의 요소들 More Components

형태를 직접적으로 구성하는 기본 요소들과 더불어 조형에서 알아두어야 하는 몇 가지 이론적이거나 현실적인 요소들이 있다.

비어 있는 형태 Negative Form

형태를 인지함에 있어 형태가 반전되었을 때 얻어지는 비어 있는 형태가 있다. 이차적으로 만들어지지만 건축 같은 공간을 계획하는 디자인에서는 비어 있는 공간의 형태가 실질적으로는 사용할 수 있는 형태가 되기 때문에 어떤 경우 디자인을 결정짓는 궁극적인 목표가 되기도 한다.

앞서 설명한 매스 **Mass**가 찰흙이나 석고 같은 재료로 이루어진 덩어리라고 생각해보자. 원래의 형태에서 특정 형태를 비워내는 방법으로 형태를 발전시킬 수 있다. 이 경우 음각으로 이루어진 형태는 방법적으로도 중요하다. 그림 37은 면으로 만든 직육면체 매스에서 구형의 공간을 제거하는 방법으로 형태를 구성했다.

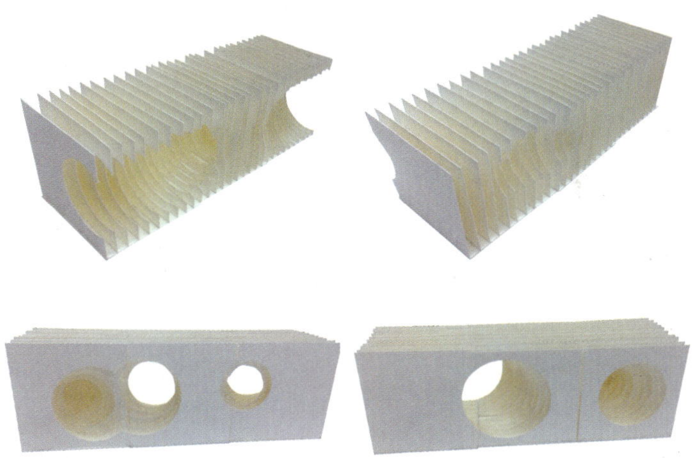

그림 37

구형의 매스를 직육면체의 매스에서 잘라내는 방법으로 만든 기본 형태들을 조합해 만든 비어 있는 형태 negative form. 각 면에서 크기가 다른 원형을 잘라내어 전체적으로 입체적인 구형의 빈 공간을 만들었다. 빈 공간의 형태가 어떻게 느껴질지를 계획하는 것도 중요하다.

그림 38

그림자를 통해 선이 면을 이루는 요소가 된다는 사실을 강조한다.(왼쪽) 면으로 이루어진 모형은 빈 공간을 둘로 나누는 요소가 된다. 두 개의 면으로 이루어진 공간의 형태가 달라짐을 알 수 있다.

기본적인 면 역시 빈 공간의 형태를 한정하는 요소로 사용될 수 있다. 면의 형태가 공간과 공간 사이의 경계선을 만들고 공간 자체의 형태를 결정한다. 그림 38이 보여주는 모형들은 선이 면의 형태를 한정하고 면이 공간의 형태를 한정하는 위계를 가짐을 보여준다.

그림 39

나무 블록을 쌓아올려 만든 곡면이 비어있는 공간의 형태를 한정함을 보여준다.

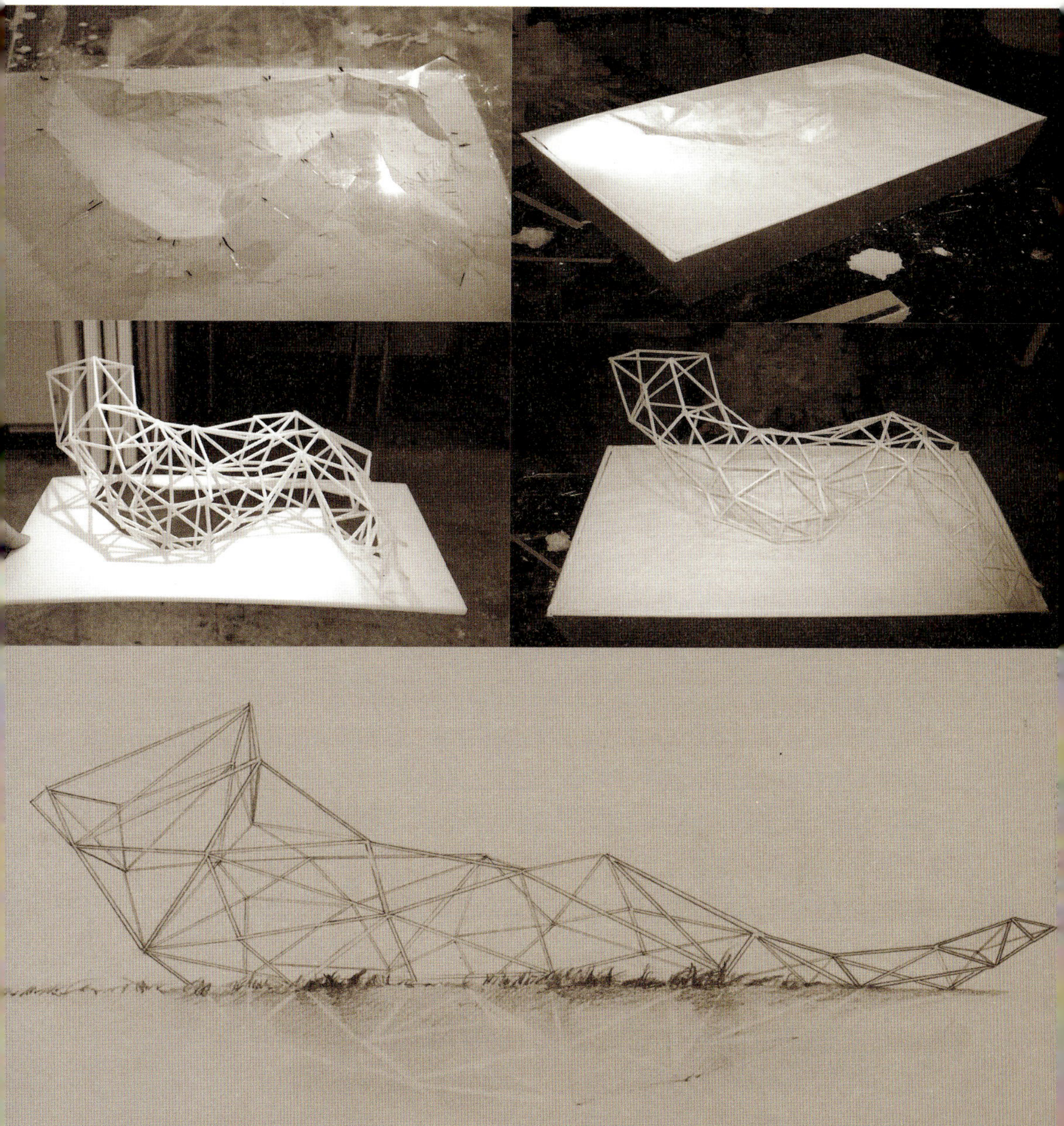

그림 40
만들어진 형태를 석고로 떠내는 과정을 통해 형태를 음각으로 표현하고 비워진 공간의 형태를 시각화한 모형.

재료와 형태 Form and Material

같은 형태라 하더라도 어떤 재료를 사용하느냐에 따라 형태가 주는 느낌이 크게 달라질 수 있다. 예를 들어 종이, 천, 금속으로 이루어진 면이 만드는 형태가 다르게 느껴지는 것은 기본적으로 재료의 물성이 다르다는 사실에 기인하는 것이다. 비슷한 재료라도 어떻게 만들어졌느냐에 따라 다양한 질감을 나타내기도 한다. 조직의 짜임에 따라 같은 천이라도 다른 질감을 보일 수 있고, 처리법에 따라 금속 표면은 여러 가지 질감과 색상으로 변한다.

그림 41

짜임에 따른 질감의 변이. 바구니, 캔버스천, 카본 직물, 플라스틱 직물(왼쪽에서 오른쪽, 위에서 아래)

그림 42

다양한 금속표면의 재질. 녹슨 구리, 긁힌 금속패널, 화학약품으로 처리되어 파인 금속면, 녹슬어 붉어진 금속면.(왼쪽에서 오른쪽, 위에서 아래).

재료의 차이에 따라 같은 형태와 요소가 다르게 보이기도 한다. 그림 43은 다양한 재료를 사용해 동일한 형태를 만들어 본 모형이다. 물성이 형태를 구성하는 요소의 하

그림 43

모든 변수를 고정시켰을 때 재료의 물성은 시각 혹은 촉각적으로 좀 더 명확해진다. 이 개념 모델들은 동일 형태를 만들 때 다양한 재료를 사용해봄으로써 물성이 형태를 구성하는 주된 요소로 확장될 때 우리가 느끼는 형태가 얼마나 다르게 보이는지 확인하는 과정에서 만들어졌다.

그림 44

다양한 재료가 만드는 표면질감. 대리석, 알루미늄 원석, 강철판, 시멘트(왼쪽에서 오른쪽, 위에서 아래)

나로 작용할 때 우리가 느끼는 형태가 얼마나 다르게 보이는지 직접적으로 보여준다. 형태를 발전시키는 기초 조형 단계에서는 주변에서 찾기 쉬운 값싼 재료를 이용해 테스트하는 과정을 거치는 경우 좀 더 흥미 있는 디자인 구상이 가능해진다. 만들고자 하는 형태의 방향이 어느 정도 결정되면 재료에 변화를 주어 각 재료가 주는 특성을 다시 확인하는 단계를 거치는 것도 일반적인 방법 중 하나이다.

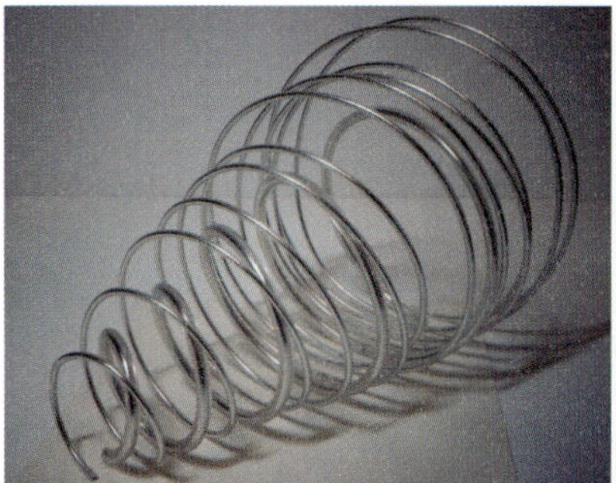

기본적인 단위체 Base Unit

조형 과정의 초기에 관찰이나 개인적인 기억에 의한 특정 형태를 구현하고자 하는 의도가 없다면 잘 알려진 기하학적 기본형에서 시작하는 것도 하나의 접근법이 될 수 있다. 다음은 기본적인 플라토닉 솔리드 **Platonic Solid**의 형태를 패키지 디자인이라는 과제에 적용한 예이다.

그림 45

기하학적 기본형을 응용한 다양한 재료의 패키지 디자인. 다양한 기본형태를 만들어보고 기본형이 어떤 요소로 이루어지는지를 이해하는 과정을 통해 다음 단계를 어떻게 전개할 것인지 방향을 찾는 경우가 많다. 이 과정에서 기본형은 바뀌고, 더 나아가 여러 단계의 변형 과정을 거쳐 전혀 다른 형태로 발전하게 된다.

그림 46

선으로 만든 삼각형을 중첩하고 변형시킨 유닛으로 다양한 높이의 지형을 표현했다(위), 단위유닛 스터디 (아래).

그림 46의 작품은 기본 삼각형 형태에서 시작해 다양한 유닛을 만들고 변형시켜 최종 형태를 구축하는 스터디 과정을 거쳤다.

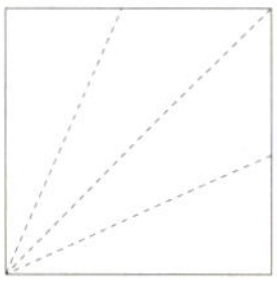

그림 47

기본 모듈을 쌓아올리는 방법을 통해 만든 형태.

잘 만들어진 기본형을 반복해서 사용하는 것만으로도 다양한 형태를 만들 수 있다. 그림 47과 그림 48의 두 작품은 기본형과 조합하는 방법의 차이만으로 발전된 형태가 충분히 달라질 수 있음을 보여준다.

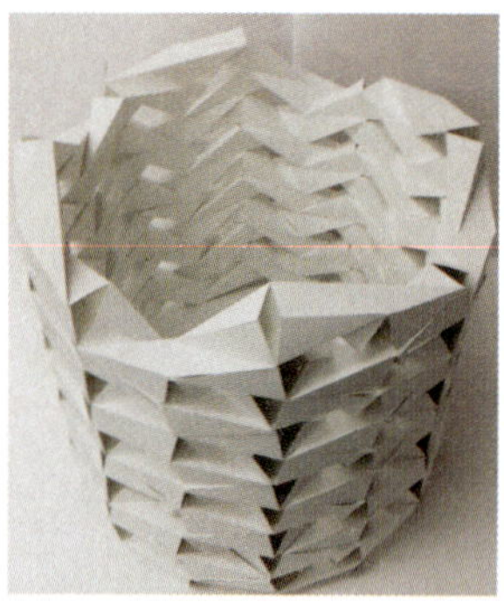

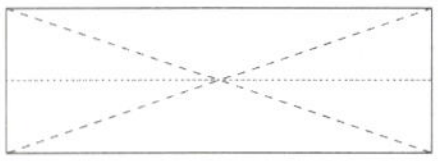

그림 48

기본 모듈을 조합해서 만든 형태.

방법과 과정

METHOD AND PROCESS

요소와 변이 Variation and Replacement

*디자인은 만드는 과정 **generative process**과 분석의 과정 **analytical process**이라는 본질적으로 다른 두 가지 과정을 모두 포함한다. 대부분의 디자인 과정에서 만들고 분석하는 과정을 반복적으로 거치면서 형태는 다듬어지고 발전하게 된다.*

기본 요소의 치환

형태를 구성하는 요소를 바꾸는 것만으로도 같은 형태가 다르게 느껴질 수 있다. 그림 49와 50의 학생작품은 면에 입체감을 주기 위해 자르고 접어 높낮이를 조절하는 방법을 택한 예이다. 같은 형태라도 철사와 나무, 종이로 표현했을 때 다른 느낌을 준다는 것을 알 수 있다. 이 경우 몇 가지의 재료로 쐐기 모양의 개념 모형을 만들어 본 후, 면과 면이 보다 연속적으로 이어져 있음을 표현할 수 있는 종이를 최종 재료로 선택했다. 삼각형 혹은 쐐기형 단위체의 형태는 조합했을 때 불가결하게 사선으로 나타나게 되고 넓은 면으로 확장되었을 때 역동적인 패턴을 만드는 구성원리가 된다. 단일 재료가 주는 단조로움을 없애기 위해 전시할 때는 강한 조명으로 그림자를 과장해 관찰자의 위치에 따라 형태가 다르게 보이도록 명암효과를 주었다.

그림 49
같은 형태를 다른 요소로 바꿀 때 형태가 주는 느낌은 달라진다. 선과 면을 표현하는 재료를 바꾸어가며 형태를 발전시켰다.

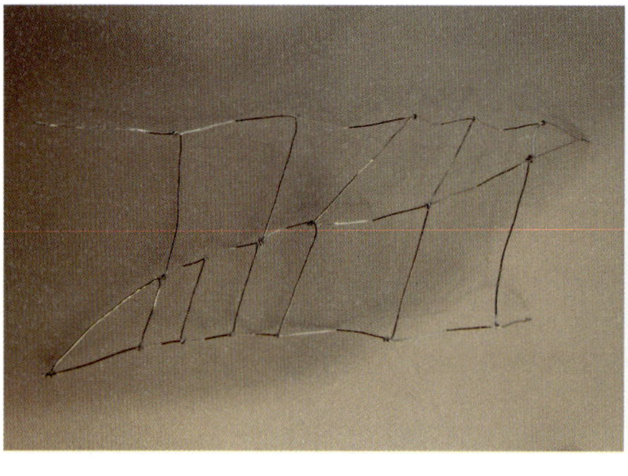

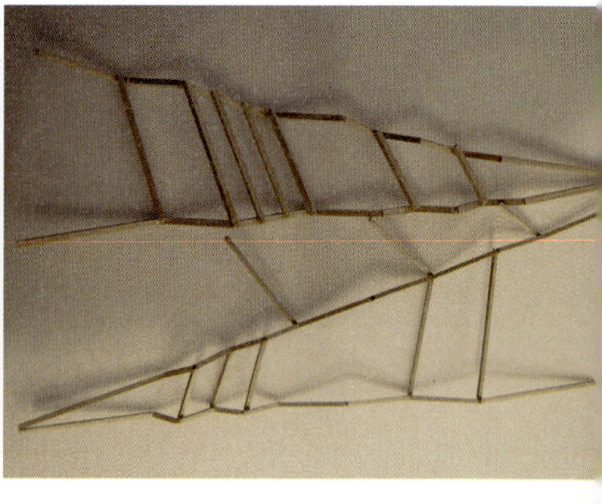

그림 50
그림자의 명암이 형태를 강조한다. 최종 전시모형

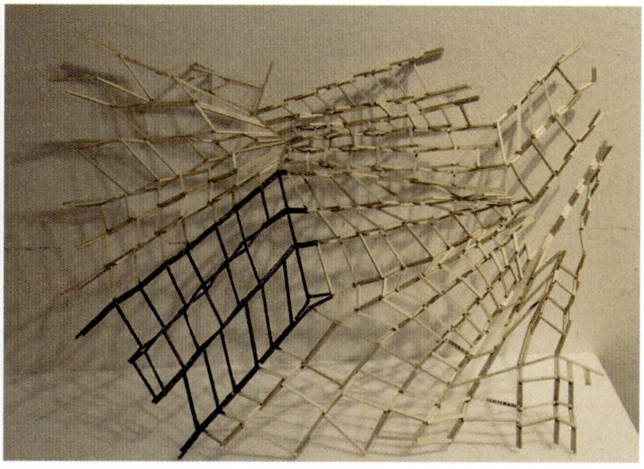

단위체의 변형 Modular Variations

개별 요소가 아닌 단위체를 변형시켜 디자인을 전개할 수도 있다. 그림 51의 스터디 모형은 면을 사용해 매스 내부에 구형의 비어 있는 공간을 삼차원으로 표현한 것이다. 첫 번째 단계에서 여러 겹의 면을 사용해 정육각형 매스를 만들었다. 다음으로 매스를 구성하는 각각의 면에 구멍을 뚫는, 즉 원의 형태를 제거하는 과정을 거쳤다. 이 구멍 뚫린 면들은 단위체를 만들기 위해 다시 중첩되고, 최종 단위체들은 다양한 크기를 가진 공 모양의 매스를 기존 덩어리에서 빼내어 공간으로 만들어낸 형태가 된다.

그림 51

제거된 볼륨의 형태에 따라 길이나 너비 방향으로 좀 더 복잡한 내부공간을 만드는 조합이 가능하다.

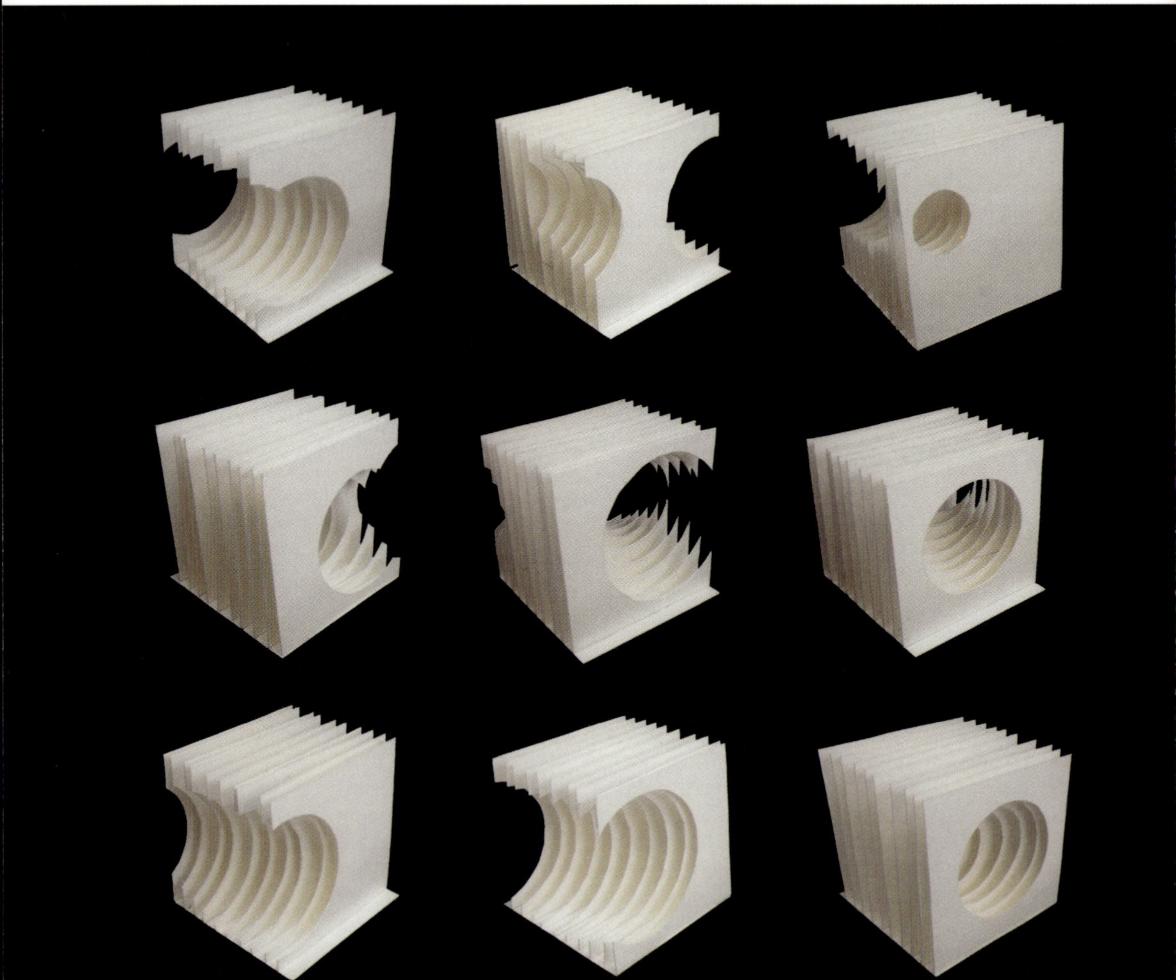

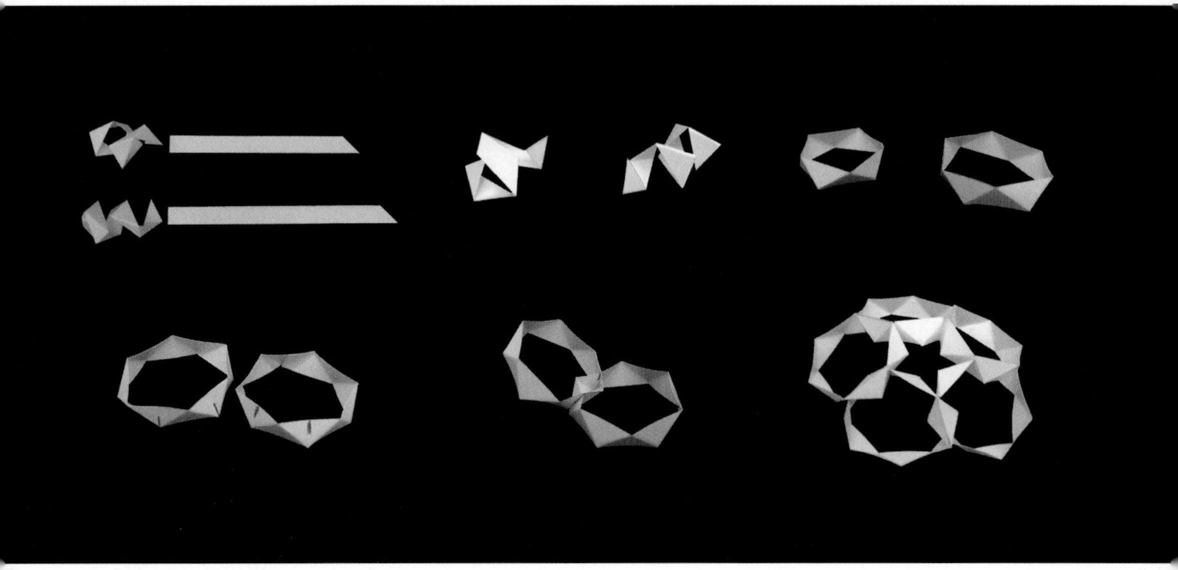

그림 52

순수하게 면으로 이루어진 개별 단위체. 형태는 외부와 내부의 볼륨을 표현하는 방법이다. 기본이 되는 단위체 자체를 구성하는 과정 역시 조형의 중요한 과정 중 하나이다. 선에서 입체적인 단위체를 조합하는 방법을 찾기 위해 여러 가지 형태를 만들어 본 것이다. 선형으로 자른 종이를 사용해 단위체를 접고 각 단위체를 조합하는 과정은 최종 결과물의 형태에도 영향을 미친다. 이 경우 일정한 법칙을 찾는 과정을 거쳐 기하학적 형태를 만들어낸다.

형태의 구성 Composition

앞서 기본 요소를 사용해 조형의 첫 단계인 단위형태를 만드는 방법과 실례를 살펴보았다. 이렇게 만들어진 기본형을 좀 더 복잡하고 의미 있는 형태로 발전시키기 위해 어떤 방법을 사용하는 것이 좋을지 조금 더 총체적인 형태 구성의 원리를 생각해 보는 것도 도움이 될 것이다. 디자인을 전개함에 있어 기본단위를 만드는 다음 단계에서 흔히 사용되는 구성과 조합의 원리가 있다.

많은 서적들이 역사적 · 심리학적으로 광범위하게 사용되고 받아들여지는 균형, 대칭, 강조, 대비 같은 시각디자인 언어를 제공한다. 물론 이 언어들을 항상 적용해야 하는 것은 아니지만 이 디자인 원리들은 앞서 제시한 형태 요소를 구성하는 단계에 적용했을 때 개별 요소를 어떻게 조합할 것인지에 대한 일종의 가이드라인을 제공한다. 이 언어들은 평면적으로도 입체적으로도 적용될 수 있다.

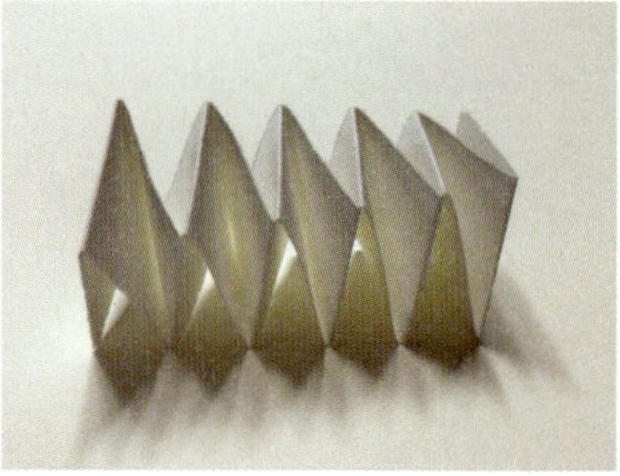
반 복

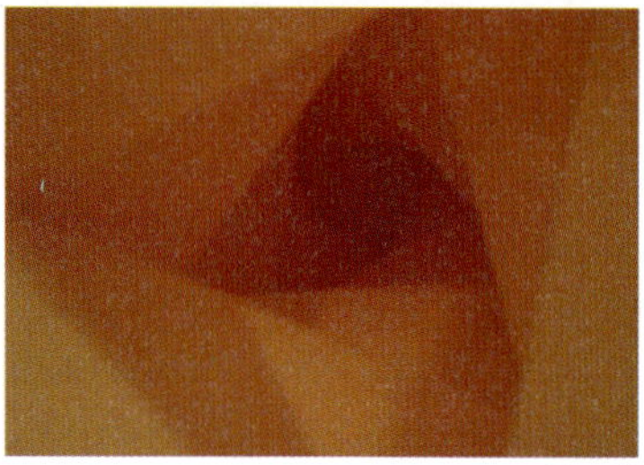
회 전

중 첩

대 칭

개별 원리 Single Principles

다음에 소개하는 법칙들은 잘 알려진 몇 가지 시각적 구성 원리이다. 간단한 검색을 통해서도 더 많은 디자인의 원칙들을 쉽게 찾을 수 있다.

균 형

점 이

강 조

리듬 rhythm, 반복 repetition

비례 ratio

조화 harmony

균형 balance/불안정 instability

대칭 symmetry/비대칭 asymmetry

강조 emphasis

대비/대조 contrast

점이 gradation

역동 dynamicity

역 동

방법의 변화 Alternating Methods

같은 요소와 방법을 사용한다고 해서 항상 같은 결과가 나오지 않는다는 사실은 조형을 가르치고 배우는 입장에서 가장 설명하기 어려운 부분이다. 한 가지 확실한 점은 수많은 디자이너들이 공통적인 방법을 사용하면서 충분히 다른 형태를 고안해냈다는 사실이다. 예를 들어 납작한 재료를 접어서 형태를 표현하는 폴딩, 즉 접어서 만드는 방법은 전 세계적으로 통용되는 흥미 있는 방법이다. 현실적으로 수많은 재료가 판형으로 제공되기 때문이라는 사실에 주목한다면 디자이너들이 접어서 만드는 방법에 관심을 가지는 이유를 좀 더 이해하기 쉬울 것이다.

다음의 몇 작품은 모두 종이라는 같은 재료와 접는다는 동일한 방법을 사용해 형태를 구성한 것들이다. 어떻게 접을 것인가를 결정하고 판단하는 것이 이 경우에서는 각 개인의 디자인이다.

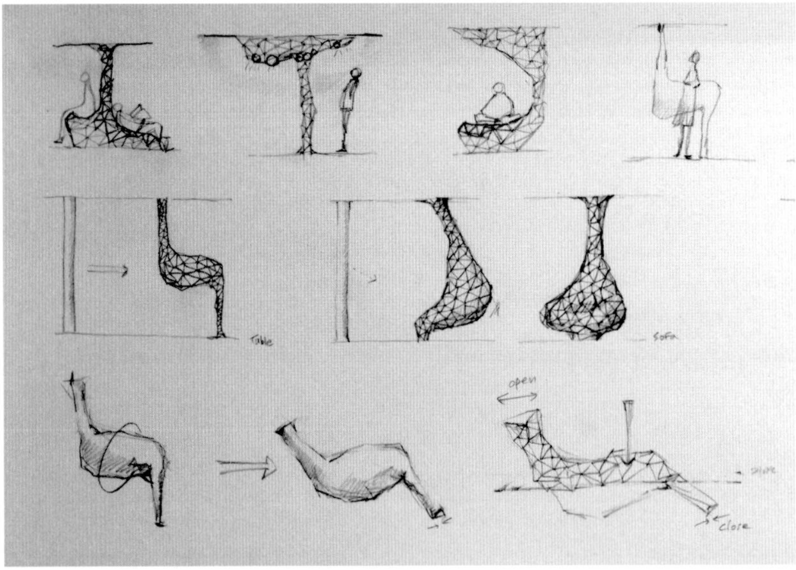

그림 53
형태 발전과정 스케치

그림 54

그림 53의 전시모형. 삼각형을 사용해 삼차원 비정형 곡면을 표현했다. 여기서 사용된 Triangulization은 형태를 표현하는 흔한 수학적 방법 중 하나이다.

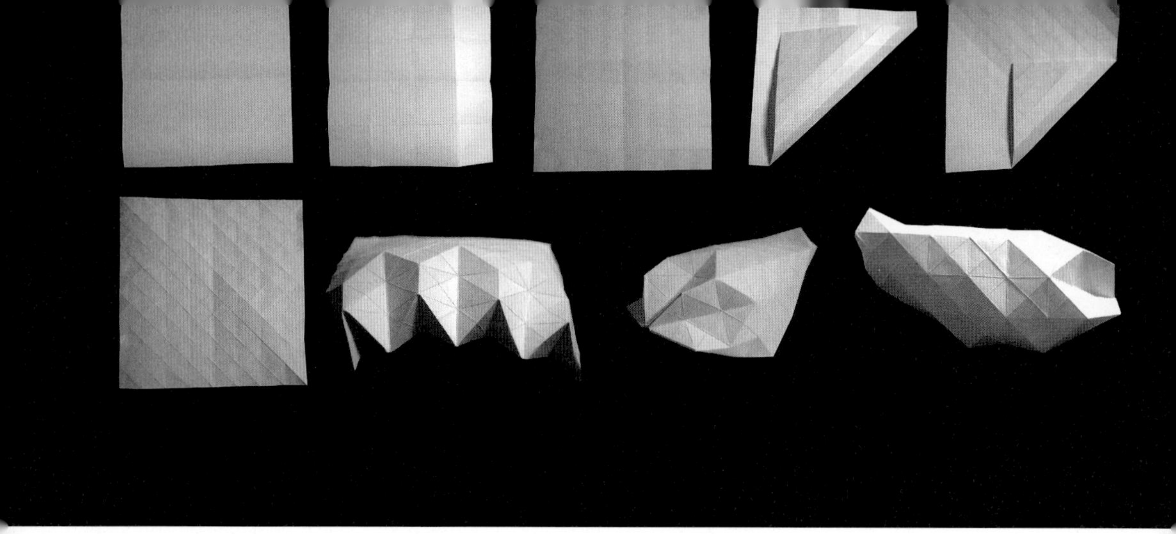

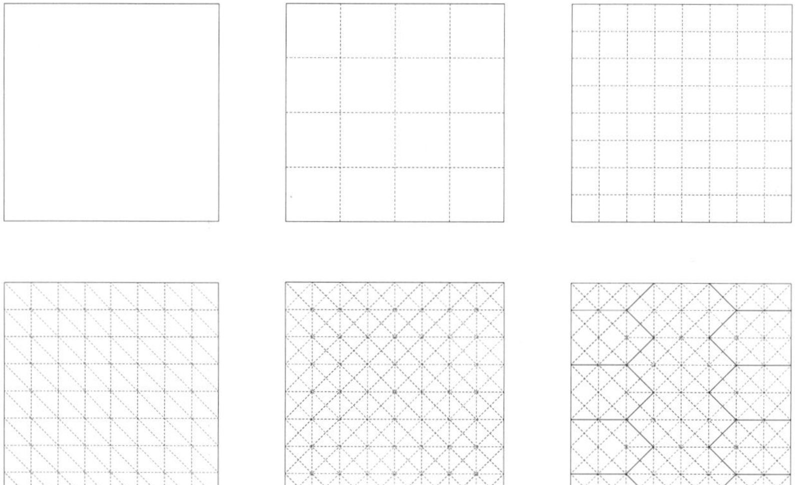

그림 55

전개도 발전과정. 그림 54의 형태 스터디.

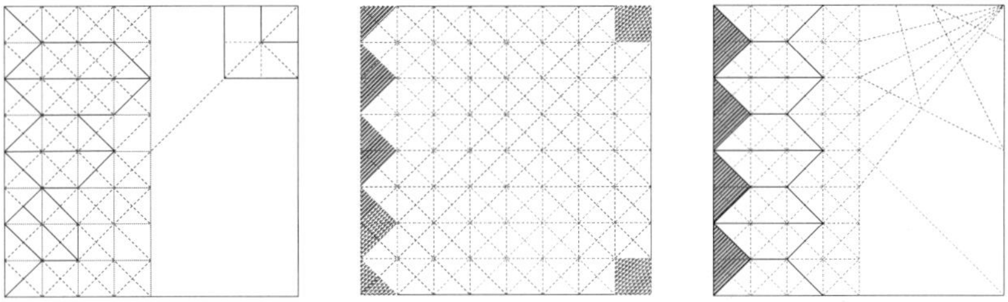

그림 55

그림 54의 전개도를 기본으로 접는 법에 변화를 주어 만든 형태 대안.

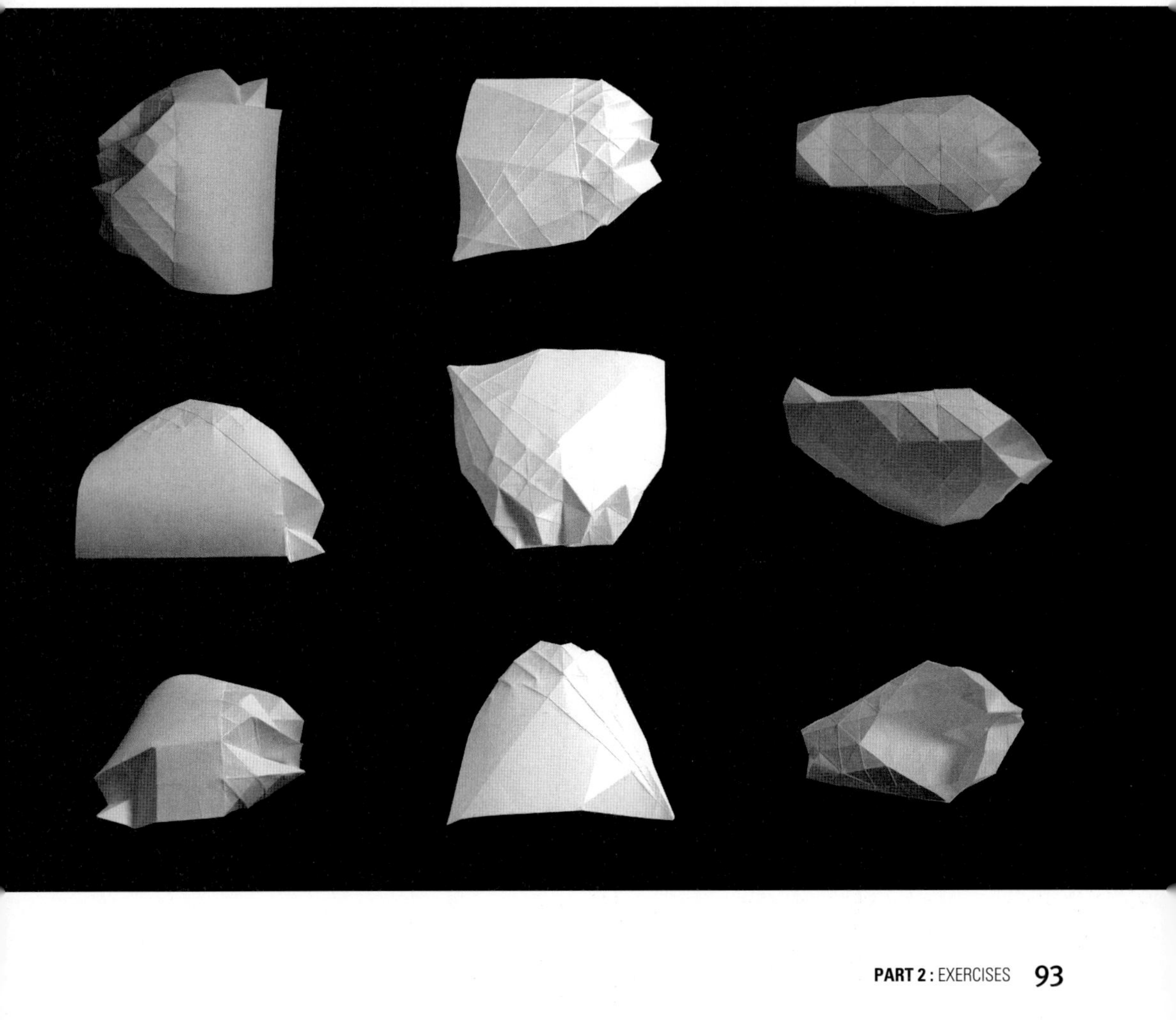

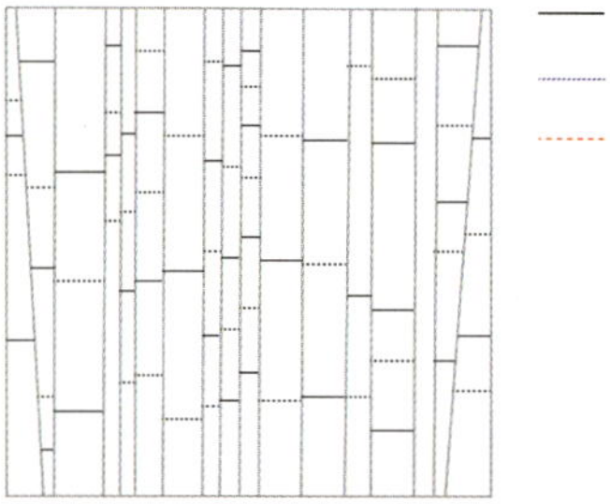

그림 56

직교하는 선의 너비에 변화를 주어 입체적으로 만든 표면(위). 발전시킨 모델(중간). 최종 모형(아래).

앞서 예로 든 두 작품과 마찬가지로 접어서 만든 작품이다. 복잡한 형태를 한 장의 평면재료를 사용해 접어서 만든다는 것은 어려운 과정이다. 이 과정에서 중요한 것은 어떤 형태를 만들 것이라는 목표로서의 시각적 · 형태적 이미지를 가졌다는 것, 즉 생각하고 있는 형태가 어떻게 보일 것인가를 아는 것과 아는 형태를 어떻게 만드는지 아는 것은 전혀 다르다는 점이다.

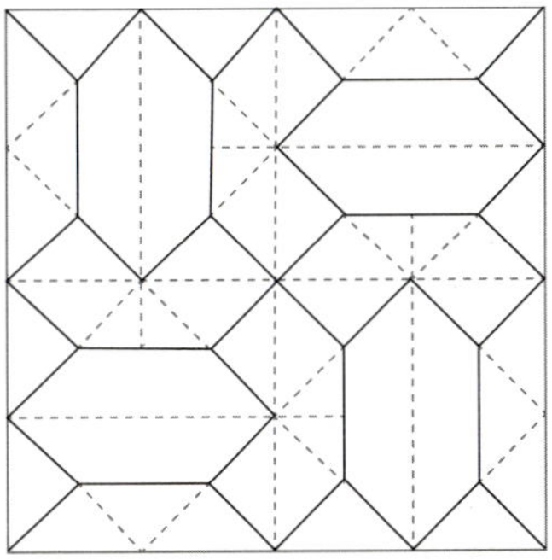

그림 58

초기 개념 모형의 형태를 평면으로 본 이미지와 이를 만들기 위한 전개도

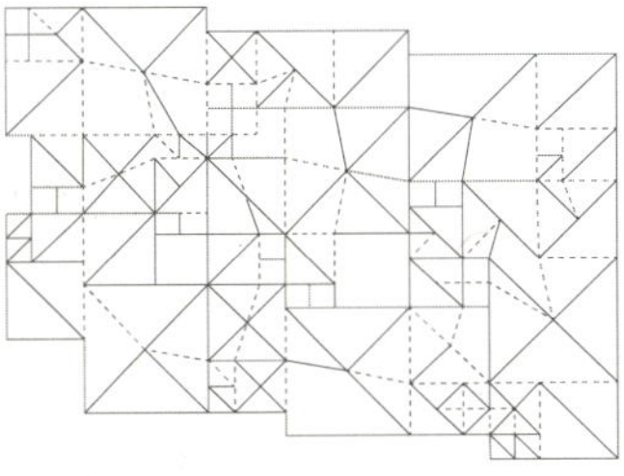

그림 59

발전된 형태를 표현하기 위해 달라진 전개도와 그 전개도로 만들어진 형태이다. 접어서 만들어진 면이 만나는 높이가 다양해지고 종이는 정사각형에서 복잡한 형태로 바뀐다.

디자인 제스처 Combining multiple rules

다양한 원칙을 적용하는 요소와 적용하는 순서를 바꾸어가며 디자인을 전개하고 형태를 발전시킬 수 있다. 하나의 형태를 만드는 과정이라도 단 하나의 원리만을 따르지는 않는다. 대부분의 경우 다수의 원칙을 일정한 순서로 조합하거나 변화를 주는 등 다양한 접근방법을 시도하게 된다. 이를 디자인 제스처 **design gesture**라고도 하는데, 형태를 만들기 위해 기본적으로 어떤 방법을 취하느냐를 일컫는 것이라 생각하면 된다. 순수조형에서는 이를 디자인에 접근하는 기본적인 방법으로 보기도 하며, 극단적으로 발전시켰을 경우 디자인 개념이나 목표 자체가 되기도 한다.

짜임 Weave **쌓기 Stack** **구부리기/뒤틀기 Bend/ twist** **구멍내기 Punch**

그림 60

면을 구부리고 뒤틀어(bend and twist)만든 형태(왼쪽), 선과 면을 곡면으로(curve) 쌓아올려(stack) 만든 형태(오른쪽).

예를 들어 앞서 설명했던 매스를 제거하는 방법을 통해 공간의 형태를 발전시킨 그림 51의 예에서 볼 수 있듯이 디자인의 근간을 이루는 기본 요소는 면이며, 사용한 방법은 **Layering**과 **Subtraction**이다. 다음은 몇 가지 흥미 있는 조형의 방법이다. 어떤 방법을 더할 수 있을지 생각해보자.

삭제/추가 Subtraction/ Addition **겹치기 Overlap/ Layering …** **밀고/당기기 Push/ Pull**

그림 61

중심이 비어있는 사각형을 연속적으로 쌓아(stack) 밀어내며(pull) 점진적으로 공간의 깊이를 표현한 형태(왼쪽). 선형의 요소를 중심을 향해(center) 회전(rotation)시켜 만든 형태(오른쪽).

기본 요소를 치환하는 것으로도 디자인을 전개할 수 있다고 앞서 설명했다. 하지만 대부분의 경우 기본 요소의 변형만이 아닌 디자인을 전개하는 다수의 구성원리가 사용되는 것이 일반적이다.

다음은 두 가지 제스처를 방법으로 사용한 경우이다. 학생들은 선을 기본 요소로 선택하고, 부피감을 표현하기 위해 입체적인 덩어리로 쌓아올렸다. 그 과정에서 선들을 밀거나 당기는 방법으로 좀 더 역동적인 사선 구성이 강조되는 최종 형태를 만들었다. 여기서 사용된 두 가지 디자인 제스처는 쌓아올리기 **stack**와 밀고 당기기 **push & pull**이다. 기본 요소는 앞서 말했듯 선을 직설적으로 사용했고, 재료 역시 이를 반영하도록 선형의 긴 튜브를 선택했다. 사선 형태는 한 가지 문제가 있는데, 이를 강조하는 형태는 시각적으로 뿐만 아니라 구조적으로도 불안했다는 점이었다. 이를 해결하기 위해 전체 덩어리가 넘어지지 않고 스스로 서 있을 수 있도록 무게중심이 아래쪽으로 치우친 덩어리를 만드는 데 중점을 두었다. 즉 선을 쌓고 밀고 당겨(방법) 균형(목표)을 이루도록 만든 형태이다.

그림 62

종이튜브를 쌓아올려 만든 최종 형태. 선을 밀고 당긴 디자인 제스처를 볼 수 있다. 아래에 최소한의 무게 중심을 아래쪽에 두어 둔해보이지 않는 덩어리를 만들고자 했다.

복합적인 방법으로 디자인을 전개하는 과정에서 여러 가지 제스처를 단계적으로 사용한 다른 형태의 예를 들어보자. 초기 모형 단계에서 흔히 볼 수 있는 여섯 개의 면으로 이루어진 상자형 정육면체를 사용했고, 두 개의 정육면체를 붙여 모서리를 공유하는 형태를 만들었다. 그림 63의 왼쪽 이미지는 두 개의 정육면체를 선으로 표현해서 위에서 누른 것 같은 형태를 표현한 것이다. 요소를 면이 아닌 선으로 치환해 형태의 경계를 최소한으로 표현하고 눌린 것 같은 모양으로 변형시키는 방법을 통해 형태를 발전시켰다.

물론 여기서 디자인이 끝나지는 않는다. 다음으로 이 기본형을 반복해서 같은 방법을 통해 단위체의 모서리를 맞대어 선형으로 연장시켰다. 그 후 선형으로 배열된 눌려진 정육면체들을 선을 중심점으로 하여 뒤틀었다.

그림 64를 보면 마지막으로 뒤틀리고 찌그러진 정사각형으로 이루어진 형태에서 선을 다시 면으로 치환했다. 이를 디자인 제스처로 표현하면 요소의 치환－변형－반복－회전－요소의 재치환이라는 다섯 단계로 정리된다. 단순해보이는 형태도 매우 복잡한 과정을 거치는 것이 일반적이다.

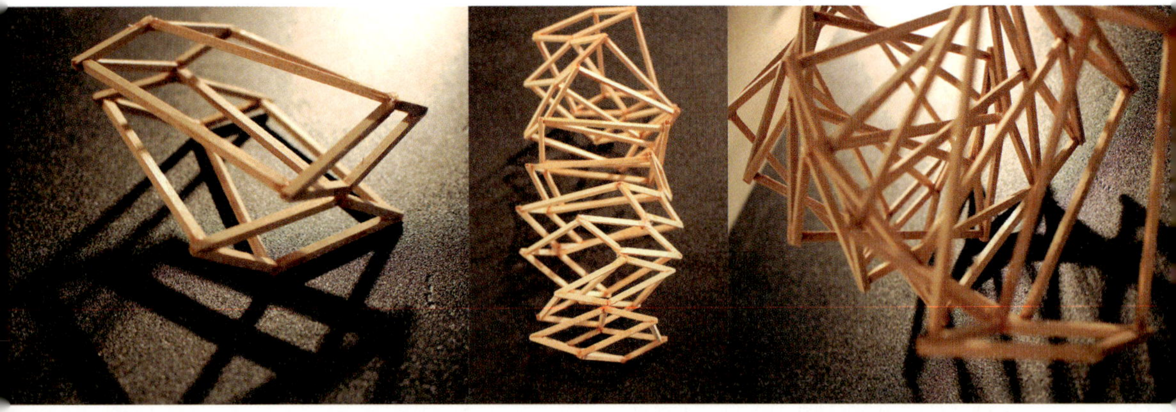

그림 63

형태가 공간과 만나는 최소한의 경계(edge 혹은 boundary)만을 표현하기 위해 선이라는 요소를 표현할 수 있는 재료를 사용했다. 기본형을 변화시킨 초기 모형.

그림 64

기본형의 반복을 통한 연장–변형(회전)–요소의 재치환이라는 단계별 조형의 과정이 뚜렷하게 구분되는 디자인 전개

형태가 가져오는 변화 Consequences of form

무중력상태에서 개념적으로 디자인하는 단계를 지나면 생각을 실현하기 위해 여러 재료를 가지고 형태를 만들어 보게 된다. 이 단계에서 만들 수 있는 형태와 실현 불가능한 형태가 걸러진다. 연습단계에서 가장 흔히 사용되는 재료는 역시 종이이다. 하지만 종이 역시 무게가 있다. 크기가 커지게 되면 종이의 무게 역시 무시할 수 없는 요인이 된다.

앞서 보여준 많은 예는 종이, 직물, 금속 등을 이용한 방법의 변화를 주었을 때 같은 재료라도 그 재료 자체의 질감을 강조하거나 바꾸는 것이 가능하다는 사실을 보여준다. 조형 역시 같은 역할을 하기도 한다. 만드는 법에 따라 재료 자체를 바꾸지 않아도 만드는 방법을 통해 재료가 주는 이미지를 변형시킬 수 있다.

이는 디자인을 통해 형태를 감각적으로 전환시키는 작업이다. 그림 65는 종이를 가늘게 잘라 널어둔 천이 흘러내리는 듯한 형태를 만든 것이다. 물리적인 가벼움과 부드러움을 표현하기 위해 가는 선으로 이루어진 형태를 표현했다. 3mm 정도의 너비로 가늘고 길게 잘린 종이는 바람에 흩날릴 만큼 가벼워진다. 이 선들은 뒷면의 구조체에 고정됨으로써 얇은 천이 흘러내리는 듯한 형태를 만든다.

그림 65
종이를 가늘게 잘라 붙여 얇은 직물이 부드럽게 흘러내리는 듯한 형태로 바꾸었다.

과정의 기록 Some notes on process

사고의 변화에 따른 형태의 궤적을 단계별로 기록하고 스스로의 디자인이 어떻게 진화되어 왔는지 고찰해 보는 것은 중요한 과정이다. 모든 종류의 디자인 과정은 모형이나 스케치, 사진 같은 다양한 표현법을 통해 생각을 형상화하는 시각화 과정을 수반한다. 그 과정에서 만들어진 모든 결과물은 앞으로의 디자인을 전개하는 수단이 되고, 이미 시각화된 형태를 발전시키는 시작점이 된다. 끊임 없이 변화하는 아이디어를 놓치지 않고, 필요한 경우 특정 시점으로 돌아가 대안을 작성할 수 있다면 디자인을 좀 더 효율적으로 전개할 수 있다.

시각화와 제작을 위한 도면과 모형 Working drawing and process models

그림 66

접는 방법과 형태의 관계를 찾는 과정에서 만든 프로세스 모형. 비정형형태는 상상만으로 설명이 불가능하므로 직접 만들어 확인하는 과정을 통해 시각화한다. 다양한 방법을 시도하는 일종의 학습과정으로 볼 수 있다.

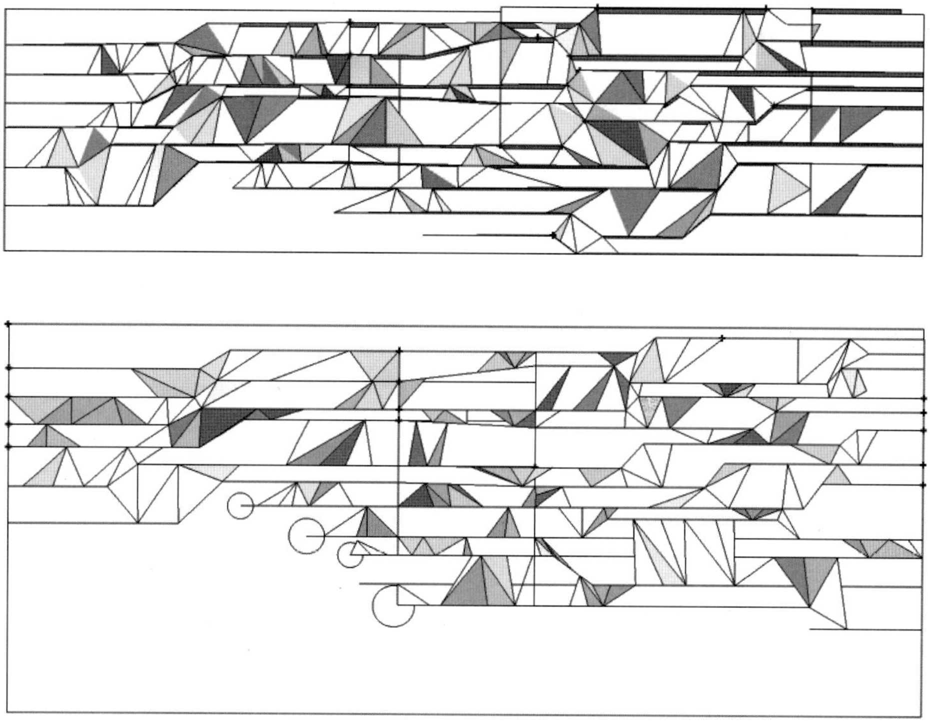

그림 64

나누어진 조각을 정면에서 본 모습을 표현한 Working drawing. 형태는 각기 다른 형태의 수평면으로 분해된다.

다음 이미지는 수평으로 겹겹이 쌓인 덩어리가 두 조각으로 나뉘었을 때 갈라진 부분의 내부형태를 표현하고자 한 형태이다. 이 학생은 상상하기 어려운 형태를 만드는 과정에서 형태를 시각화하기 위한 수단으로 모델링을 택했다. 그림 67은 도식화한 스케치 정도로 볼 수 있다.

그림 68

그림 67를 통해 모형을 만드는 과정.

대안의 작성 Creating Alternatives

많은 디자이너가 하나의 작품을 완성함에 있어 여러 가지 대안을 작성한다. 이는 앞서 언급했듯이 다수의 답이 존재할 수 있는 디자인의 특성에 따른 것이기도 하다. 더 많은 사람과 논의하기 위해 디자이너는 여러 개의 대안을 작성하고 다각적으로 비교·분석한다. 좋은 형태란 누구를 위한 것인지, 어떤 상황에서 사용될 것인지, 혹은 실제 사용될 것인지 등 여러 가지 요인에 의해 검토되고, 걸러지고, 변형되고, 발전되는 과정을 거쳐 결정된다.

디자인 과정에서는 항상 선택되지 않은 다양한 형태들이 남겨진다. 그림 69의 모형들은 86페이지의 그림 51에서 보여진 단위체의 형태를 찾는 과정에서 제시된 여러 대안들이다. 이 모형들은 모두 다수의 면을 겹쳐 만든 매스를 기본으로 파내거나 잘라내는 제스처를 통해 만들어진 여러 형태를 보여준다.

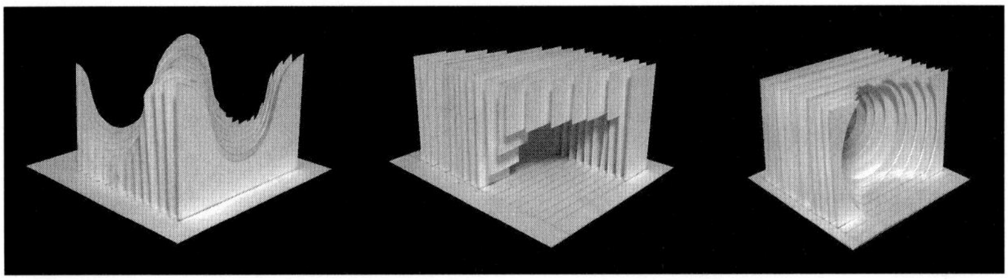

그림 69

매스에서 구형을 파낸 형태(가운데), 직사각형 형태를 파낸 형태(오른쪽). 파냈다기보다는 일정 형태로 잘라낸 형상(왼쪽)이다. 가운데와 오른쪽의 모형에서는 둘러싸여 만들어진 빈 공간을 볼 수 있다.

디자인 전개/발전 Design development: dealing with complexity

과정을 기록하는 여러 목적 중에는 결과물을 보는 것만으로 이전 과정을 짐작하기 어렵다는 이유가 포함된다. 디자인을 발전시키는 것은 어떤 의미에서 좀 더 자신이 원하는 방향으로 변형시키는 과정을 일컫는 경우가 많고, 대부분의 경우 생각의 전개에서 그치는 경우가 많다. 생각을 시각화하기 위해 많은 작가들이 개별적으로는 쓸모 없어 보이는 스케치나 모형을 만든다.

소개한 예에서 보듯 종이를 접는 것만으로도 다양한 형태를 만들어낼 수 있다. 그림 70과 71은 기존의 종이접는 법을 물결 모양으로 변형시킨 것이다. 모듈디자인을 통해 기본형태를 만들고 모듈을 조합하는 방법으로 벽면이 벗겨진 듯한 질감을 표현하는 형태를 만들었다.

그림 70

단위 유닛 모형 및 전개도. 접는 법에 따라 다양한 패턴을 만들수 있도록 만들어졌다.

볼록접기

오목접기

잡아당겨 오목접기

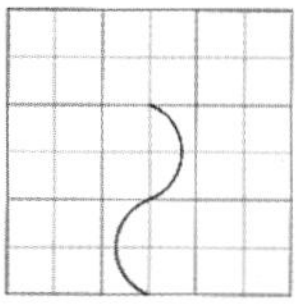

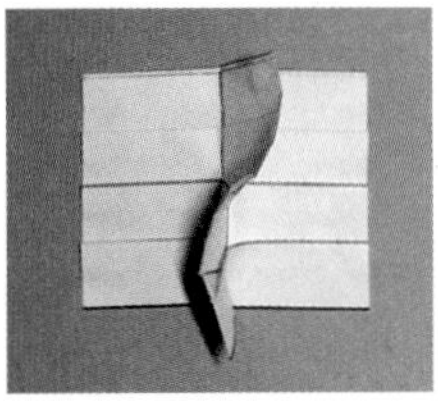

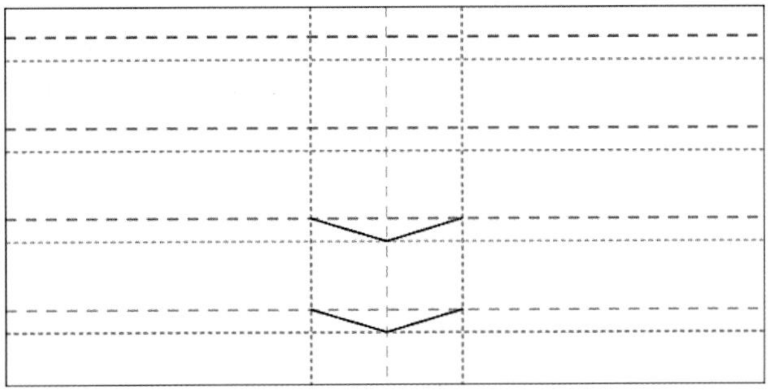

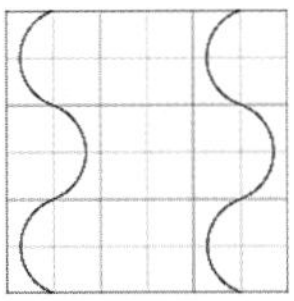

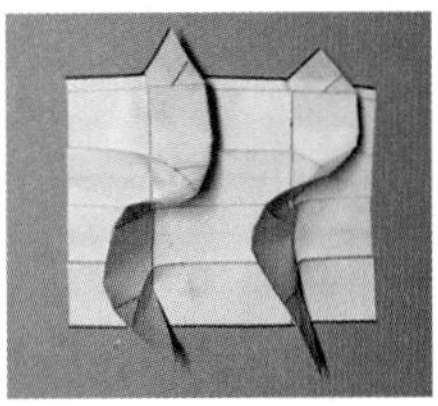

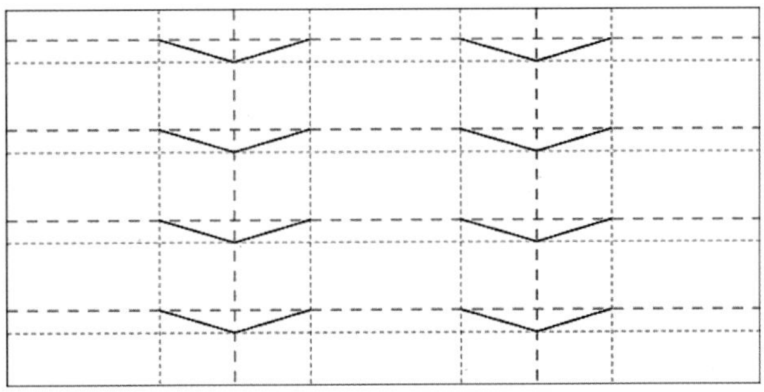

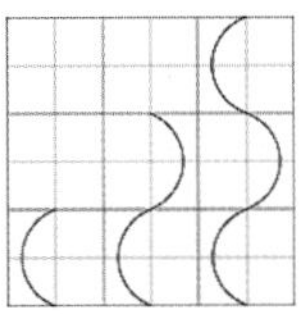

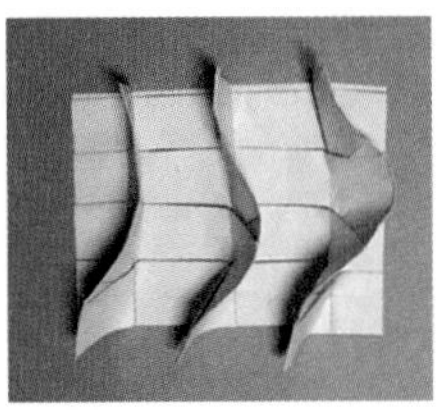

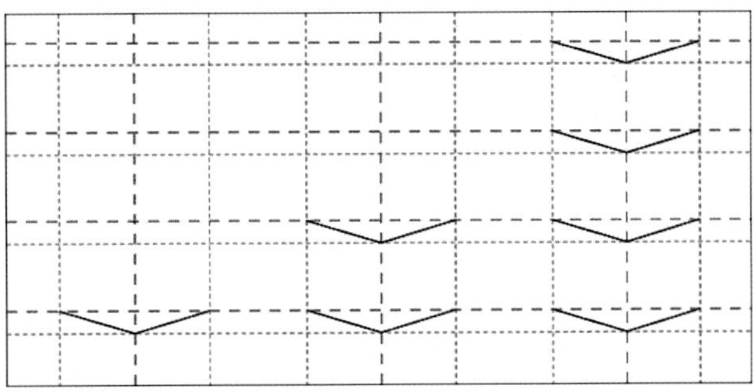

그림 71

단위체와 각각의 전개도. 접는 법을 변형시켜 다양한 패턴으로 조합할 수 있는 단위유닛을 만들었다.

물리적 형태로부터 체험으로의 확장

FROM THE PHYSICAL TO THE EXPERIENTIAL

형태에 영향을 미칠 수 있는 재료나 구조와 같은 기본적인 물리적 요소들을 간략하게나마 살펴보았다. 이러한 현실적 제약조건들에 대한 이해는 추상과 개념 또는 상상의 이미지를 시각적 · 형태적으로 구체화하는 데 중점을 두는 기초 조형의 과정에서도 반드시 필요하다. 실재하는 물체나 공간을 만드는 행위를 단순히 기술의 영역에만 속하는 것으로 치부하는 것은 매우 위험하고 근시안적인 자세이다. 구체적인 기술을 근간으로 할 때 인간의 창작물은 더 풍부하고 다채로워진다. 자유로운 창작활동은 기존의 또한 앞으로의 기술에 대한 현실적인 활용방안을 제시하는 큰 틀이 되고, 결국 기술과 예술은 함께 발전하고 진보한다.

무엇을 만들 것인가를 결정하는 것이 디자인의 최종 목표는 아니다. '무엇'에 대한 결정이 디자인의 초기 개념을 확립하는 단계에 속한다면, '어떻게' 만들 것인가를 결정하는 것은 개념을 전개하는 데 필수적인 디자인 발전의 과정에 속하기 때문이다.

디자인을 발전시키는 과정에서 형태는 끊임 없이 변하고 아이디어 역시 진화한다. 결국 우리가 마주해야 하는 것은 불확실하고 답이 정해져 있지 않은 열린 문제를 푸는 과정이다. 디자인이라는 문제 해결 과정 전반에 걸쳐 형태는 목적인 동시에 매개체이기도 하다.

매개체로서의 형태 Form as a medium

기초 단계의 자유로운 형태 구성 실례와 과정을 살펴보는 동안 무엇을 위해 만드는가에 대한 의문을 자연스럽게 가질 수 있다. 가장 쉬운 답은 필요에 의한 것이라 생각하는 것이다. 특정한 기능을 염두에 두고 형태를 만든다는 말이다. 제품이나 다양한 산업 분야에서 입체적인 형태를 다루고, 디자이너들은 만들어진 제품의 기능을 극대화시키기 위해 부분 혹은 전체를 변형시킨다. 의자를 디자인할 때 신체에 접촉하는 부분의 형태를 인체의 형태와 연관지어 앉기 편한 형태로 만들거나 배나 자동차처럼 움직이는 장치의 연료의 효율성과 최고속도의 증가를 위해 공기나 물의 저항을 최소화할 수 있도록 몸체의 형태를 변형시키는 것 등이 그 일례가 될 수 있다. 이처럼 명백하게 실질적인 기능을 따르는 경우 물리적인 제약조건에 의해 최적의 형태를 찾는 탐구 과정이 디자인의 가장 큰 부분을 차지하기도 한다. 형태가 주는 감각적 측면을 배제할 수는 없다. 잘 디자인된 형태는 사용자에게 즐거움과 기쁨을 주는 원천이다.

그림 72

다양한 형태와 질감을 보여주는 학생작품. 2013~2014.

모든 단계의 디자인이 최상의 기능과 경험만을 추구하는 것은 아니다. 딱히 기능이 제시되지 않은 초기 디자인 단계에서 형태는 특정한 무엇을 추구하기 위한 것이라기보다는 자유로운 방법으로 다양한 형태를 만드는 훈련을 의미한다. 만들고 생각하는 과정을 통해 형태가 가지는 특성을 다루고, 형태를 통해 소통할 수 있는 시 · 지각에 대해 생각해보고, 이를 더 넓은 공간으로 확장했을 때 만들어지는 공감각적 언어를 습득하는 과정을 직접 경험하는 것이라 할 수 있다. 즉 형태가 삼차원의 세계에서 관찰자에게 어떻게 받아들여지는지까지 예측하는 능력을 기르는 것이 기초 조형학습의 목표가 되어야 한다는 것이다.

형태를 인지하고, 만들고, 만들어진 형태를 설명하는 순수한 단계의 조형에서 중요한 것은 개인의 표현이 관찰자에게 전달하는 것이 무엇인가라는 광범위한 질문에 답할 수 있어야 한다는 점이다. 이 과정에서 단순화되는 효용이나 기능 같은 실질적인 부분은 상위 단계의 스튜디오 강의에서 심도있게 다루게 될 것이다. 이 책은 예시를 통해 기본적인 형태 요소를 복잡한 형태로 발전시키는 과정을 보여준다는 점에 초점을 맞추었다.

감각의 영역

형태를 인지하는 감각의 영역이 공간으로 확장되면, 즉 공간 안에서 형태가 커지면 주변의 요소와 자연스럽게 섞여 환경을 이루는 구성요소가 된다. 구조체가 모형에서 사용할 수 있는 구축물로 커지고, 그림자가 생기며, 우리가 느끼는 형태도 달라진다.

순수한 형태를, 우리를 둘러싸고 있는 환경 속으로 옮겨 놓았을 때, 즉 추상적이고 기하학적인 아이디어가 공간적 감각의 영역으로 연장되면 빛과 그림자는 필수적으로 고려해야 할 요소가 된다. 빛과 그림자가 가져다 주는 효과는 다양하다. 질감이 주는 느낌은 형태가 공간으로 확장될 때 극대화된다. 빛과 그림자가 형태와 함께 만들어내는 이미지는 입체적인 형태를 시각적으로 다른 형태로 보이게 만들기 때문이다. 예를 들어 그림 73은 종이를 접은 패턴에 따라 표면의 질감이 달라보이는 실례이다. 여기서 빛과 그림자는 표면 패턴에 밝고 어두운 부분을 만들고, 대비시켜 접힌 면을 더 입체적으로 보이게 하는 역할을 한다.

그림 73

빛과 그림자가 만드는 명암은 형태를 시각적으로 더 선명하게 만든다. 종이를 접어서 만든 여러 가지 패턴이 이루는 표면. 접는 법과 형태에 따라 표면질감은 다르게 느껴진다.

그림 74

시간이 흐르면서 변화하는 재료 역시 감각에 호소하는 요소 중 하나이다. 오래되어 낡은 표면들은 시간의 흐름에 따른 달라지는 형태를 나타낸다. 녹슬어 색이 변한 금속판, 오래되어 패인 콘크리트 디테일, 비와 바람에 변색되고 틈이 생긴 나무벽, 페인트가 벗겨진 플라스틱 판(왼쪽에서 오른쪽, 위에서 아래).

공간 체험으로의 확장 Towards spatial experiences

형태 구성은 직접적인 건축의 형태와 공간적 체험의 기본요소에까지 확장될 수 있다. 여기서 말하는 체험이란 단순히 시각적 영역에 국한되는 것이 아니다. 공간과 시간이라는 변수가 더해지면 체험은 공간이 한정하거나 이끄는 형태에 기반을 둔 인간 행태에까지 영향을 미친다. 단순하고 추상적인 예로 대형 조각이나 건축물을 들 수 있다.

리처드 세라 **Richard Serra**의 조형물은 공간의 형태, 즉 가장자리를 한정해 그 안에서 움직임의 형태를 바꾸는 일종의 장치로서 역할을 한다. 이는 순수 형태가 인간이 점유하고 느낄 수 있는 크기로 확대되었을 때 예측 가능한 결과이다. 마야 린 **Maya Lin**의 베트남 기념비 **Vietnam Memorial Wall** 역시 순수 형태를 상징적이고 개념적인 공간에 적용한 예이다. 앞서 언급한 세라와 같이 공간을 이용하며 바라보는 주체로서 관찰자는 이 벽의 형태를 따라 움직이며 점진적으로 깊어지는 공간을 체험한다. 구조물로서의 벽은 체험을 위해 형태를 따라 움직이도록 계획된 의도적인 물리적 장치로서의 역할을 담당한다.

루이 바라간 **Luis Barragan**의 바라간 하우스는 공간을 한정짓는 원시적인 형태의 벽을 가감 없이 보여준다. 벽이 둘러싸는 공간의 크기와 비례에 따라 공간은 사용자의 동선을 따라 끊임 없이 역동적으로 흐른다. 이 실례들은 개념과 형태, 그 형태가 만들어내는 공간과 체험이 불가분의 관계라는 사실을 보여준다.

그림 75

리처드 세라, Junction Cycle #1. 루이 바라간, 바라간 하우스, 마야 린, 베트남 기념비(왼쪽부터).

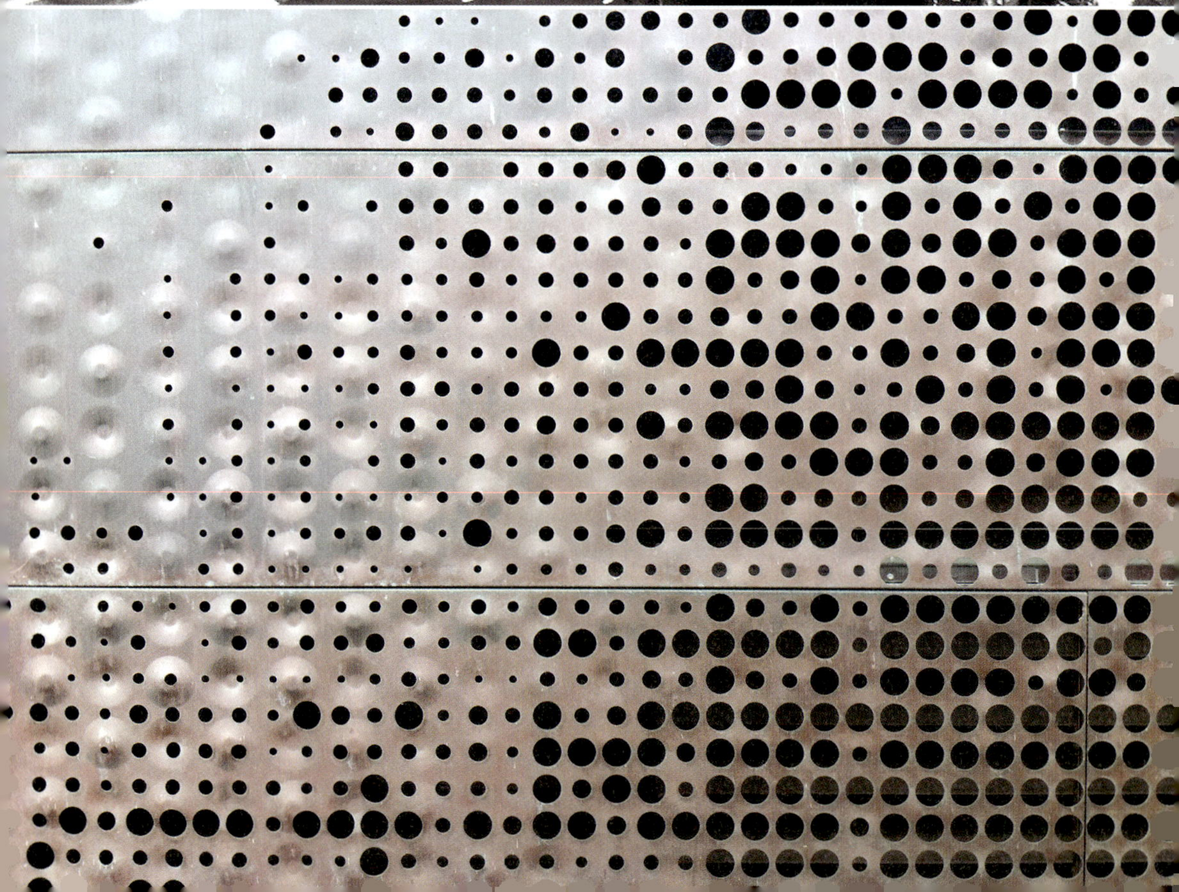

헤르조그 앤 드 뮤론 **Herzog & de Meuron**의 건물들은 가장 단순한 형태의 매스로 이루어진 공간과 세심한 외피 디자인 및 재료의 선택을 통해 극도로 풍부한 공간 체험을 제공한다. 도미너스 와이너리 **Dominus Winery**와 드 영 뮤지엄 **De Young Museum**의 외피는 추상적이고도 기본적인 형태구성의 원리가 실제 건축물에 그대로 접목된 일례이다. 도미너스 와이너리의 경우 지역에서 구할 수 있는 흔한 돌을 이중으로 설치한 철제 외피 사이에 채워 넣어 자연환기와 더불어 다분히 예술적인 빛과 그림자의 패턴을 만들어낸다. 드 영 뮤지엄의 외피는 얇은 구리판에 지름이 다른 원을 음각과 양각으로 반복적으로 배열하여 만든 것으로, 패이고 튀어나온 표면 패턴은 판형 외피를 입체적으로 보이게 한다.

비슷한 예로 장 누벨 **Jean Nouvel**이 디자인한 낭뜨 정의센터 **Le Palais de Justice**의 표면은 가장 단순한 정사각형 그리드형을 기본으로 하는 외피 디자인이 현실에서 어떻게 보여지는지를 직설적으로 보여준다. 피터 줌터 **Peter Zumthor**의 콜룸바 뮤지엄 **Kolumba Museum**, 아틀리에 오아이의 **DYB** 센터 역시 평면에 깊이감을 주는 패턴을 사용했다.

잘 구성된 형태는 시 · 공간적 확장을 통해 기하학적이고 물리적인 요소와 그 조합을 좀 더 감각적으로 느낄 수 있도록 만들어주는 일종의 매개체가 될 수 있다. 많은 전문가가 다양한 방법을 통해 인간의 감각에 대한 연구를 한다. 과학적인 실험을 통해 어떤 형태가 두뇌의 어느 부분을 자극해서 연쇄적으로 어떠한 행위를 하도록 만든다는 식의 생물학적 결과를 도출해내는 일은 개별 디자이너의 영역을 넘어선다. 하지만 우리가 만드는 형태가 달라졌을 때 느끼게 되는 것, 그 차이점이 무엇인가에 대해서는 좀 더 깊이 생각해 보아야 한다.

그림 76

Herzog & De Meuron. Dominus Winery내부(위), De Young Museum 외피디자인(아래).

그림 77

다양한 외피 디자인. Le Palais de Justice by Jean Nouvel(위), Perforate Solid Skin–Kolumba Museum by Peter Zumthor(오른쪽 아래), DYB Center of Competences by Atlier Oi(왼쪽 아래).

그 외의 질문들

MORE QUESTIONS

창작의 가치 Value of creativity

2006년 소더비 경매에서 잭슨 폴락의 No.5가 세계에서 가장 비싼 가격에 팔린 그림이 되었다. 2015년 현재 세계에서 가장 비싼 그림은 폴 고갱으로 바뀌었고, 이는 앞으로도 계속 바뀔 것이다. 이 이야기를 하는 이유는 한 가지이다. 현대 자본주의 사회에서 가장 이해하기 쉬운 가치는 화폐로 교환할 수 있는 경제적 가치이지만 이를 바탕으로 예술과 창작의 가치를 평가하는 데는 다소 무리가 있다. 많은 경우 좀 더 원론적인 관점에서 창작 혹은 창조의 가치를 논할 때 우리는 존재하지 않았던 것, 새로운 아이디어의 가치를 이야기한다. 세계에서 가장 비싼 그림이라는 일례는 창작의 가치가 어디에 있는가? 라는 의미 있는 질문을 던진다. 무엇이 새로운가? 폴락의 경우 캔버스 위에 페인트를 통째로 들이부었을 뿐이다. 누구나 할 수 있는 작업이다. (이 방법은 붓을 사용하는 방법과는 크게 다르다. 작가가 움직이는 속도에 따라 액체인 페인트의 궤적은 선이 될 수도 면이 될 수도 있다. 움직임의 속도를 조절했을 때 선의 너비와 굵기가 달라지며 점진적으로 혹은 급격하게 면적이 다른 면으로 바뀐다. 더불어 페인트통의 높이에 따라 사방으로 튀는 물감이 만드는 패턴은 다양하게 변한다.)

다수의 색상을 조합해 반복되는 이런 과정을 통해 무작위처럼 보이는 시각적 이미지가 만들어진다. 이는 폴락이 물감을 들이붓는 행위를 조절하는 방법과 기술을 잘 알고 익숙하게 다루었음을 시사한다. 결과물로서의 이미지는 현실의 그 어떤 이미지와도 닮지 않았고 어떤 의미도 지칭하지 않았지만 그 시도와 만들어낸 과정을 시각적인 결과물로 기록했음에 누군가는 상당량의 재화를 지불하기로 결정한 것이다. 또한 폴락은 물감을 붓는 방법을 가장 먼저 시도함으로써 창작의 기술로 사용했다는 점, 새로운 방법을 시도했다는 점에서 가치를 두어야 할 것이다.

예술 또는 디자인이 흥미 있는 여러 이유 중 하나는 다양한 가치가 존재하고, 이 가치를 어디에 둘 것인가에 대한 결정이 어느 정도 자유롭다는 점에 있다. 더 나아가 새로운 관점에서의 가치를 창출해 낼 수도 있다. 예를 들어 마크 로스코 **Mark Rothko**의 경우 가치는 색이다. 로스코는 캔버스를 두 면으로 나누어 두 가지 색으로 가득 채우는 과정을 통해 색상이 주는 감각적 경험을 시도해 형태가 아닌 색에만 집중할 수 있는 작품을 만들었다.

형태로 옮겨보자. 알베르토 자코메티 **Alberto Giacometti**의 조각들은 인체의 형태를 추상적으로 단순화했다는 점에서 흥미를 불러일으키는 것이다. 기술적으로 쉽게 따라할 수 있는 작품에서 어떤 점에 초점을 맞출 것인가, 왜 이 작품이 우리에게 상상의 여지를 주는가를 생각하지 않고 예술의 가치를 논할 수는 없다. 예술에서 혹은 디자인에서 가치는 표현과 방법의 다양성에 근간을 두어야 한다. 물론 모든 사람이 좋아하는 형태가 있을 것인가라는 질문에 쉽게 그렇다고 대답할 수 있는 디자이너가 있을지는 의문이다. 이 역시 다양함에서 비롯된 결과로 보는 편이 맞지 않을까.

그림 78
No.5, 잭슨 폴락 (사진왼쪽)

지각과 인식의 매개체 Interaction and medium

움직이지 않는 이미지가 만드는 문화가 주류인 시절이 있었다. 최근의 경향은 이미지에서 실체로, 실체에서 체험으로 변하고 있다. 기술의 발전과 함께 좀 더 복합적인 이미지의 조합이 더 큰 영향력을 가지게 된다. 동영상은 그림보다 이십 배 이상의 이미지를 필요로 한다. 우리는 더 많은 양의 정보와 이를 시각화한 이미지를 소비하는 시대에 살고 있다. 형태를 만드는 것은 다양한 형태를 수많은 현실적인 제약조건 안에서 적용하고, 계획하며, 사용 가능한 실체로 바꾸어내는 시도에 있다고 보아도 무방할 것이다. 무엇을 만들 것인가는 개인에 달려 있고, 복잡한 디자인의 요구사항을 어떤 방향으로 풀어나갈 것인가 역시 디자이너가 결정해야 할 문제이다. 중요한 것은 보편적인 가치가 존재하는 동시에 이 보편적 가치란 변할 수도 확장될 수도 있다는 사실이다.

어떤 것이 아름답거나 아름답지 않다고 평가하는 것은 우리가 원하는 디자인의 마지막 단계가 아니다. 이는 현실적인 용도를 초월하는 더 깊은 담론에의 시작점이기 때문이다. 초기 디자인은 현실적이고 비논리적인 제약을 잠시 잊을 수 있는 가장 자유로운 과정이기 때문에 그 중요성은 더욱 강조되어야 한다. 우리가 어떤 방법으로 어떤 요소를 사용해 그 과정을 꾸려나갔는지를 풀어내어 이야기하는 것은 다양성과 복합성을 중시하는 열린 문화로서의 디자인과 교육을 위한 밑거름이 된다고 믿는다.

자료분류지원 : 이장걸

학생작품 : 강승관, 강혜정, 김건오, 김내인, 김동현, 김민영, 김석민, 김주현, 김지형, 김진관, 박다진, 박유미, 박지원, 서지원, 소진성, 송걸, 신규호, 신동윤, 신혜윤, 양수빈, 양진실, 양희조, 원증현, 이가윤, 이상호, 이은기, 이장걸, 이재훈, 이지용, 이호승, 장창현, 정권준, 정준용, 주찬규, 지반휴, 차소연, 한나례

저자소개

계 소 라

건국대학교에서 건축공학, 시애틀 소재 University of Washington에서 건축디자인(M.Arch) 전공. 이후 Olson Sundberg Kundig Allen Architects와 공간건축에서 실무에 종사하였고, Carnegie Mellon University에서 Computational Design으로 박사학위를 받았다.

역서로 〈현실의 건축을 위하여〉, 〈건축제도〉, 〈디자이너를 위한 폴딩 테크닉〉 등이 있다.

형태구성의 요소와 실례

On Making Form

Thoughts and exercises for beginning designers

2015년 9월 10일 1판 1쇄 인쇄
2015년 9월 15일 1판 1쇄 발행

저 자 계 소 라
발 행 인 강 해 작
발 행 처 기 문 당
주 소 서울시 성동구 무학봉28길 4-1
전 화 02) 2295-6171(代)~5
팩 스 02) 2296-8188
출판등록 1976. 10. 7(1-44)
홈페이지 http://기문당
www.kimoondang.com
I S B N 978-89-6225-688-8 93600

정 가 12,000원

이 도서의 국립중앙도서관 출판시도서목록(CIP)은 서지정보유통지원시스템 홈페이지(http://seoji.nl.go.kr)와 국가자료공동목록시스템(http://www.nl.go.kr/kolisnet)에서 이용하실 수 있습니다.(CIP제어번호: CIP2015024523)